蒋光祥——著

理财赢家的投资常识

中国铁道出版社有限公司
CHINA RAILWAY PUBLISHING HOUSE CO., LTD.

图书在版编目（CIP）数据

理财赢家的投资常识/蒋光祥著.—北京：中国
铁道出版社有限公司，2021.11
ISBN 978-7-113-27189-3

Ⅰ.①理… Ⅱ.①蒋… Ⅲ.①财务管理-通俗读物
Ⅳ.①TS976.15-49

中国版本图书馆CIP数据核字（2020）第153104号

书　　名：**理财赢家的投资常识**
　　　　　LICAI YINGJIA DE TOUZI CHANGSHI
作　　者：蒋光祥

责任编辑：吕　芰　　**编辑部电话**：(010)51873055　　**邮箱**：181729035@qq.com
封面设计：宿　萌
责任校对：安海燕
责任印制：赵星辰

出版发行：中国铁道出版社有限公司（100054，北京市西城区右安门西街8号）
印　　刷：三河市兴达印务有限公司
版　　次：2021年11月第1版　　2021年11月第1次印刷
开　　本：700 mm×1 000 mm　1/16　**印张**：11.5　**字数**：164千
书　　号：ISBN 978-7-113-27189-3
定　　价：59.00元

序

挣钱不易，世事维艰。有些事情不用亲身经历，光看着就已经心有余悸。没钱的时候吃不了大亏，但一旦有了点积蓄，尤其是在年纪大了的时候，一部分投资者可能因为某些自己的原因，将难免要"迫于无奈"，适应起起伏伏的人生。虽然时代在变，投资标的在变，但投资理念相通，避险道理类似。房产、股票、基金、存款、保险等，凡此种种，操作得当，则可安稳度日，或享繁华；疏于察觉，则多隐患，或难收场。人生最难走的都是下坡路，每个人在自己不那么顺的时候，总希望有人能上来给你搭把手。无人问津的港口总是开满鲜花，而常识就是其中最鲜艳的那一朵。只是，要先从静心坐下来看一页书、认真思考某一个人生片段开始。

大城市光怪陆离，却莫名其妙有一些机缘，只是财富的背后往往诸多艰苦不可告人，最平淡心酸的场景不过是成年人的自惭形秽。但凡只要不连累别人受这个苦，成年人对自己所吃的苦都觉得是那么的自然而然。逆境中，人们即便不知道希望在什么地方，但仍然还会努力，哪怕并不知道这个努力有什么用。也许坚持努力本身给人以信念和动力，反复循环下去就是生活的延续。

就像每个火车站都有误点狂奔的旅客，社会里的芸芸众生，也会在某一天隐约觉得不应该这样度过一生，一定有什么更大的地方、更广阔的世界更适合他，一些新东西在等着他，在那里也许会快乐一些，不会终日不适。所以，安家时，就希望离火车站近一点，没有火车站就希望离汽车站近一点，房间里永远有一个已经收拾好的双肩包，可以拿起就走，哪怕只能先离开个几天。在这一过程中，精神上的导引与慰藉是必不可少的支柱，免不了会常进书店，急等罗素、王小波、连岳、和菜头等人作品的出现，虽精神上早已熟识，但还是希望有一两个金句或曾遗漏，再次相见就值了这本书钱。人生哪怕诸多艰辛，向上进取的心态还是要有，至少证明自己曾经努力过。不过，也很可能因为这种努力，就这么追着追着，你也能追上开往春天的末班车，突然就站在了未来当中。

与诸位读者共勉。

蒋光祥

目录

第一章

散户想摆脱被收割？
要先认清自己

（一）骗局都是共通的

1. "空气币"归零只在下一秒

天下熙熙攘攘，近些年各种行业似乎都可以贴上区块链标签。从某知名天使投资人在几百人的微信群中"特意叮嘱"大家不要外传其对区块链无以复加地推崇，到内地县城亲戚都特意来电打听比特币去哪里买。这些反映了区块链这项比特币的底层技术，已经随着概念的爆炒，被人有意无意间与炒币等同起来。

身边也有一些不同的声音，认为区块链实质也不过就是一种记账方式的转换，而且去中心化等特质也对应着不能实名化，容易被洗钱等不法行为盯上的缺点。但是这类发声并不是主流，同时显得不够"与日俱进"。更为离谱的是，举目所及，一种区块链的狂热正在进入多个行业，生怕因为耽误了这几天，而误了风口，而且是飓风口。开始拿区块链说事的企业多了起来，包括不少看上去八竿子打不着的传统企业。这一场景似曾相识，不禁令人想起自互联网诞生开始，工业 4.0、供应链、ERP、互联网＋、智慧工厂……这些风行一时的词，媒体上和身边的不少企业家跟你聊两个小时也不会重复，当然，其中很多人现在已经偃旗息鼓，很多品牌不见踪影。作为客户，我们还见过太多连基础服务都做不好的公司或者服务商，一毛钱以上的蝇头小利都舍不得让渡给客户，却在砸几千万元甚至上亿元去开发独立但也重复的 App（移动互联网平台）时眼睛都不眨。在当前最热情的一批金融领域区块链受众中，又出现了几个熟悉的身影。其中，某银行每月余额短信提醒的两块钱都一直不肯免，却在市场已经被几大电商瓜分殆尽的若干年后，大梦初醒般花费巨资去建、去强推自己的网上商城，卖的却是与主业毫无关联且在性价比上没有任何竞争力的普通商品；还有的银行，在绑定微信公众号就可以做很多事的今天，要求信用卡客户去下载其近百兆的专门的 App，否则客户在包括微信公众号等其他便捷途径中，根本无法看到本人的信用卡账单信息，所有的链接都是指向那个 App，烦不胜烦。

更为让人不安的是，比特币的造富效应，已经开始成为一些别有用心的人的手中利器。与 A 股市场内的上市公司沾上区块链概念就可以有两三个涨停一样，各类性质趋同的数字货币在线下越来越多，沾"币"就能火。微信群内开始冒出各种币的 ICO（首次代币发行）链接，下个 App 或者只需填个邮箱，就被宣称获得了若干个币不等，再转这个链接去别的群，只要有人注册就又可以再获得一定数量的币，传销套路已经摆在明面。事实也大多如此，先入场者都在指望币价能被拉起，收割其后入场的"韭菜"。各类区块链创业者更是如雨后春笋，90% 是业内人士口中毫无意义的"空气类型"项目。惹得前些时日一位投资人大骂，一些人造假都不用心，整个新建代码库只有一句：hello world! 在我国及多个国家的监管部门发声要对数字币进行管制后，尤其是 2018 年 1 月因韩国可能关闭交易场所的消息引发的币价腰斩，可谓及时雨般生动的市场教育，这些空气币归零可能就在下一秒。

没有比特币的一年 20 倍涨幅，区块链可能还就是一项研发中的技术概念，在非专业领域的大众看来，这个概念可能还没有 Wi-Fi 当初面世来得惊艳，而过往经验告知我们，想要依靠某个概念就可以实现"跨越式"发展的企业，一旦遇到挫折，很容易就立刻缩回来，变得比任何人都保守。跟风的氛围中，太容易什么概念流行，就打什么旗，大多数企业却都是原地踏步。

行业的痛点，只有在一个行业内专注地去经营，长期地去耕耘和积累后才能发现，并且愿意直面这些痛点才能够找到有效的解决方法。否则，无论建了多少个平台，用了多少种模式，杂糅了多少流行的概念，自己的品牌、自己的服务还是没有人买账。

2. 带你识别"伪基金"

不久前，一批利用深圳前海工商注册程序上的一处漏洞，在当地注册的公司名称中加入信托二字的伪信托被曝光，查处及时，它们当中绝大部分还没有得手。但是在基金领域，客户可能就没有这么幸运。毕竟长期以来，相关部门对基金二字的使用未予限制，各类以基金冠名的机构公司令业外人士，尤其是让交水电煤气费还得去邮局、银行的代收柜台排队的老年群体云遮雾绕，心乱不已。不久前爆出的深圳中欧温顿基金管理有限公司（下简称"中欧温顿"）就是一起典型事例。

分析其对外公开宣传资料，除去对其高管背景的虚构，竟然公开宣称其是继南方基金、博时基金等之后的深圳市又一家公募基金公司。大言不惭的同时，主要产品却又成了P2P、基金、PE。且不说当前国内公募基金仅百余家，股东多为国资金融机构背景。P2P、PE这样的产品已是驴唇不对马嘴。打出这样的广告，有如中奖短信诈骗，已经自动过滤求证欲强的客户，有自己的特定受众。得益于其强势的"地推"渠道攻势，短短一年多，中欧温顿吸引了2 000多位投资人的4亿多元资金。不出意外，投资者中老年人居多。这些头发花白的中老年投资者，有几人能够分得清中欧温顿归银保监会管还是证监会监管？更不用提真正的答案是工商局。所以不少受骗者在案发后，还在幻想跑路的老板会良心发现，恳请媒体不要跟风。

我们只能要求自己，当每一个年收益率超过最高合理数值（目前这个数值参考信托产品，年化收益约 8%）的基金产品宣传页出现在自己家的邮箱内或是超市门口拦停你的人口中时，记得首先就要问自己这么几个问题："这家以基金自称的公司是公募？私募？还是第三方理财？"

超市门口只能是后两者。公募基金目前牌照依旧珍贵，受证监会严格监管，除货币基金产品基本无虞外，其余产品皆有跌破本金的风险，但客户可以选择及时赎回，更无须考虑公司会卷款潜逃。后两者正在逐步被规制，对害群之马痛心疾首的公司多已是中国基金业协会会员，这是受证监会指导的自律性组织。剩下的公司，就是和你楼下的理发店一样，监管归工商、税务，乱发传单有可能会招惹城管。喜好打普通客户群体尤其是信息链末端的中老年客户的主意，以高息为饵，前几年主营房地产融资的有限合伙基金或者个人民间借贷的 P2P 较为多见。一些股东更是在上下游都成立了公司，前端拉来一些银行、信托等正规军不敢接的地产融资项目来设计产品，后端直接在超市门口推销给闻高利"起意"的大爷大妈，最为可恨的是，这些公司在推销高风险产品的情况下，竟然也舍不得让利。所谓高利并不高，假设一款正规信托产品年化收益率可以达到 8%，其实已经与第三方理财机构所售的号称可达 10% 的收益率的有限合伙基金相当，而有限合伙基金要承担 20% 的税负，但两者承担的风险截然不同。

这些事在你吃过一次亏之前，不会有人告诉你。

3. 靠手续费套住投资人的现货白银

您还在投资股票吗？您还在为股票亏损痛心不已吗？现货白银正值高峰期，全球市场 24 小时交易，可做多、可做空，值得投资。如果您想了解现货白银，可加入我们的团队，第一手消息喊单，加 QQ 群号×××××，成功经验等待与您分享。

上面这段话，有没有觉得眼熟或者耳熟？

股市一熊五六年，股民纷纷套牢至账户密码都快忘记，基民也是难兄难弟。分红险是个"坑"，理财产品收益鸡肋也常被坑，还得月月折腾。收藏品市场大起大落。闲钱扔银行不动又跑不过通胀。

网上时不时地会蹦出这样一段文字，或者经常接到过这样的推销电话，是不是有天就会动心了，先用点小钱试试看？那么，亏损或爆仓出局的结局可能早已经注定。《老人投 20 万炒白银，1 年后剩 8 毛 8》这样的新闻绝对不会只出现在老人身上，因为现在这样的骗局已经在朝社会所有成年人"下手"了。

国内正规、长期存在的金银杠杆交易渠道只有两个，一个是主打 TD（延期交易）的上海黄金交易所；另一个是主打金银期货的上海期货交易所。其他的都是什么，自己可以判断。期货似乎比股票还不靠谱，加上有杠杆，一直是"疯狂者"的游戏，但好歹与股市一样，受证监会监管，相对规范透明。全球市场现货白银目前根本就是监管真空地带，鱼龙混杂，不少平台根本从一开始就是打算挣把快钱"跑路"的骗子。它们可以通过技术手段，限制交易，限制出入金，修改行情走势，提高保证金比例。甚至私设平台，客户资金根本就没有真正入场，而是在它自定规则的平台上与客户对赌，结局可想而知。种种手段的目的只有一个，先用蝇头小利来圈人入套，最终把客户本金全部刷成手续费，或亏完，或爆仓走人。那么高的杠杆，爆仓只是几秒钟的事情。

金融行当的从业人员，大多数人以从事这类业务为耻，认为他们的做法简单到和中奖短信骗局无异，招一大群业务员，通过多种渠道购买通信录，打陌生电话推销，发一些 PS 过的账户截图"钓鱼"。客户的本金全部变成手续费，基本只要两个月，业务员个人提成 30% 以上。中奖短信之类的"骗局"都有人信，这类贵金属杠杆投资自然不难忽悠到一些自认为有点儿头脑，抑或什么金融常识都没有但也想挣钱的普通百姓，在"全球主要贵金属现货市场"忙不迭地买空卖空。

如果你在股市没赚到钱，应当反思自己对金融常识的理解是否正确，自己是否具有投资天赋。或认赔出局，或持票死捂都是不错的选择。异想天开地跑去选择不靠谱且放大了杠杆、游走在监管真空的贵金属做杠杆投资，只能说一句"不作死就不会死"。

4．余额宝都跌破 2% 了，你还在找 10% 以上的理财产品

某新闻媒体报道了某地中老年群体"踩雷"一个以养老为卖点的高收益理财骗局。与之前的唐小僧、钱宝、中晋等骗局殊途同归，以高大上包装，最终归于一地鸡毛，成为银保监会提示的"理财收益率超 10%，就要做好损失本金的准备"的又一个佐证。

以高息为饵，打普通客户群体尤其是信息链末端的老年客户的主意，是当前很多人家门口正在发生的"骗局"。不少中老年客户受骗后，晚年幸福毁于一旦。但若将之仅归结于客户自身贪婪或无知，显失公平。毕竟，要求从未接触过银行以外的任何金融机构，知识构成中缺失经济学常识的客户，能够一眼看出其不合理之处，未免过于苛刻。这些以基金、资本、投资、咨询冠名的各类所谓公司，给具备一定经济实力，但又没有相应金融知识储备的人士，造成了巨大的潜在威胁。大部分投资者中有几个人能够分得清什么是公募、私募，什么是信托、FOF（基金中的基金），哪些归银保监会管，哪些归证监会管？哪些其实和楼下菜场、理发店一样，归工商局监管？他们犯错非常正常，如同一个文科生在面对家里短路的电器时一筹莫展。

这些所谓的投资公司，在 CBD 租两间办公室，花钱买几个"落款可疑"

的奖项，电视上露个脸。招聘一批学历可疑的业务员，群发对收益率赞不绝口、对风险绝口不提的广告深入各大超市、广场门口去围堵老年人，兜售理财产品。这类公司还善于躲避原"一行三会"多年来的监管沉淀，喜好打地方政府金融部门的擦边球，用保理、租赁、小贷等相对容易获得的类金融牌照，用极少部分的"真"来掩盖绝大部分的"假"，包装出眼花缭乱的衍生品，直至最后一发而不可收，加速步入庞氏骗局的终途。

那么，为了避免更多的人入坑，包括我们自身在内，各相关方需要做哪些事情？

首先，我们得反求诸己，在每一个年收益率超过合理数值的理财产品或方式、手段面前，问问自己对其背后的公司了解多少？不了解的话，一定要学着百度搜索查证或者请教一些有投资经验特别是有过教训的熟人。不管这些产品是出现在自己邮箱内，还是出现在超市门外的可疑推销人员口中，甚至在银行大厅，都务必存疑，才可以降低被骗的概率。

其次，是从上到下各类监管与政府职能部门的重视，以上海为例，早已暂停普通投资类公司的办理，并对高档写字楼物业提出"谁引进、谁负责"的招商原则，这让之前喜欢在陆家嘴高楼里"守株待兔"的"骗子"资管公司成为"丧家之犬"。

最后，投资者教育的普及，其实是最为关键也是最难的事情，时间跨度长，类似做公益。因为投资者教育有如足球少年队、青年队所做的基础工作，只有社会理财认知大面积提升，上当才不会那么容易。事后指责身披横幅维权的老年客户，不如事先有人站出来做投资者教育。不要低估老年群体的学习能力，他们正因为接触不到正规的金融知识，才会被伪金融骗子利用。做投资者教育这种认真的事情，极易赢得客户信任，从而最终赢得市场份额。

问题一：比特币有何特点？与区块链关系如何？

区块链是一种技术，比特币是一种应用。

中本聪最初提出了"比特币"（Bitcoin）这一概念。2009 年，比特币正式诞生。相比传统货币，比特币具有以下两大特点：

第一，核心技术——"区块链"使比特币的数量可控、成本低、高保障、方便透明，从而突破传统货币局限。

第二，它的加密技术、工作量机制、奖励机制、保障机制，能稳定有效地维持比特币系统的运行。

更为重要的是，比特币利用区块链记账的原理，新颖高效，冲破了银行和政府的中心化管制，并且利用数学算法准确地控制比特币的发行量，从而赢得了参与者和观望者的信任。所以，区块链是比特币的底层技术，该技术在未来的应用空间巨大。

比特币目前在我国不被承认，在美国等部分地区是受到认可的，可以进行交易。

问题二：对"币圈"与区块链还是一知半解，但打算趁最近币市行情低迷，来抄一把底，可行吗？

基于大部分普通人的认知，对区块链和各种数字币的确难以搞清楚，在很多投资者看来，能涨、能升值就是"王道"，该数字币究竟是怎么回事可能并不真正关心。但是当前区块链理论在现实当中的应用并不成熟，各种数字币更有一转眼成为"空气币"的风险，币市行情的择时更是超越了一般投资者的能力范畴。因而，不建议"小白"投资者入市。

问题三：文中的"空气币"到底是什么东西？

在"币圈"看来，区块链的最主要应用就是比特币，谈区块链十有八九等同于谈比特币。而提比特币，十有八九还有一堆跟风的"空气币"，百度十几页都可以不重样。这些空气币，除了发行人（庄家），谁也不知道什么时候暴涨，什么时候崩盘，都在赌自己比后来的接盘者跑得快。比特币下行，这些币种没了"带头大哥"，圈不了新人，就真的成了"空气"。

问题四：文中的中欧温顿这样的基金称得上是基金吗？

国内"基金"二字与"信托"二字一样尚未被严格监管使用，那么理论上可以说它也算是基金。但实质上是不具备相关法定资质的主体，以相对高息为诱饵，向社会不特定对象吸收资金，涉嫌非法集资的恶劣行径。中欧温顿基金管理有限公司目前已吊销。

问题五：私募基金有管理部门吗？

私募基金早前归工商局管理，近几年归口基金业协会。但私募基金管理人登记注册备案制实施以来，仍有大批张三李四根本不管，继续自导自演。当然，这些游走在"行骗"边缘的"私募基金"确实够不上备案的门槛。老百姓一旦接触这种伪"基金"，结局注定惨淡。

问题六：究竟如何买到靠谱的基金？

基金靠谱不靠谱，最主要得看基金管理人，以及管理人的股东靠谱与否，口碑如何。建议读者们去下载一个相关 App（比如"企查查"）可以查到背后的基金公司股东及公司自身经营现状，包括涉诉情况，比百度搜索来得靠谱。

通常来说，基金管理人股东中如果没有任何正规金融机构（银行、证券、信托、公募基金等）及其关联企业参与的身影，实力就可能稍逊。

问题七：期货是什么？为什么说风险比股票还大？

期货是与现货相对来说的一个概念，现货是实实在在、看得见摸得着、马上可以交易的。而期货是以某种产品如棉花、大豆，或者某项金融资产如股票、债券等为标的，交收日期可以自选（一星期、一个月、三个月、一年之后）的一种标准化可交易合约。

最要紧的是，期货自带杠杆，从数倍到数十倍。股票跌了理论上还能死扛不卖，但期货因为有杠杆的存在，会被强行平仓。

问题八：为什么要对白银现货交易保持充分警惕？

白银现货市场由于在国内缺乏正规交易场所（仅有上海黄金交易所等少数合规平台，杠杆不会超20倍），使得包括一些"外盘"在内的境内山寨交易平台（杠杆最高可至100倍）频现，游走在监管真空地带，早在2014年就曾经被当年央视的3·15晚会打假。这些山寨平台主要行骗手段就是靠手续费等手段"生吃"掉投资人的本金。即便有投资人走运有盈利，也很难提现。因为投资者的资金很可能根本就没有入市，骗子让你看到的只是他们自己开发的一个平台，盈亏都只是一个随意调出来的数字。

问题九：理财收益率多少相对来说安全？

投资者都会问，为什么市场各家金融机构发的产品收益率不一样？有的差距还很大。

银行理财产品收益率随行就市，余额宝都跌破2%，银行理财跟着货币市场大势走，只要客户没走错柜台，大体都是安全的。

同类别金融机构之间同类型产品收益率应该差距不大。差距较大的应该是指在不同金融机构或者相同金融机构的不同类型产品之间作比较。因为它们本身在投资范围上有着天壤之别，收益率自然也会不一样，甚至对于投资者门槛也有很大的不同。

一些看起来收益率不错的产品，对投资者的资产门槛设置得比较高，其实有怕普通投资者亏不起的含义在里面。不过，收益率高低与所承担的风险高低总归直接正相关。大家还是多想想自己有没有那个风险承受能力。

问题十：去哪里买理财产品才放心？

通常而言，狭义的理财产品只是属于银行自己的产品，有代销资质的银行还会代销其他很多资管机构的产品。各类持牌金融机构的资管产品纷繁复杂，花样繁多，丰俭由人。但对于大部分普通百姓来说，接触资管产品的渠道大多还是在银行柜台包括第三方合规销售渠道，其中不少第三方互联网销售渠道已经越来越为人所熟知，比如京东的京东金融、百度的度小满金融等。

银行和这些合规第三方渠道所营销的各种理财、资管产品基本可以满足大部分人的需要。所谓合规，就是经监管部门审核颁发牌照，处于政府监管之下。

（二）你该知道的关于 P2P 的那点儿事

1. 买高收益率 P2P，你的手抖了吗

不少人都有资金周转不开寻求亲朋好友的帮助以渡过难关，同时付出一定的利息或者报酬的经历，这种模式拿到互联网上被称为 P2P 网络借款。陌生人之间通过网络平台相互借贷，谋求高于银行利息数倍乃至十余倍的回报，已经成为一种前几年十分常见的个人理财模式。听起来是不是就有点儿不靠谱？虽然对网贷之乱早就有所耳闻，但在对几起代表性网贷公司关门、老板跑路的事情进行深入了解后，发现当时的网贷已经乱到了让人"心惊肉跳"的程度。

登录网贷业曾经的"新贵"——鹏城贷当时仍然可以打开的网页，一幕幕闹剧仿佛在即刻还原。整个平台观察下来，给人印象最深的是一切不是以《民商法》等相关法律细则为准的，而是以公司公告为准的。今天的公告说每人每天限额提现 5 万元就是 5 万元，明天公告说限额 1 000 元就是 1 000 元。令人啼笑皆非的公告还在后面，公司公告另外开辟一条还款通道，重新打款到一个新账户，可以享受更高的利率，且无提现额度限制。问题是，人要糊涂到什么程度，才会相信这种一再出尔反尔的公司？

紧接着我以一个无知"土豪"的口吻尝试与几家平台接触，客服对我

关心的资金去向等监管措施的问题，答复得十分含糊其词，只是一味暗示"人家比你金额大得多的都投了，你担心什么"。鹏城贷一案中，已有大标向警方自首，承认自己是托，每次资金来往都是网贷公司老板事先拿钱，然后上传记录吸引跟风者。网页宣传的唯一监管就是钱会打入委托账户，而这种存取再普通不过的账户如何能叫监管？其所谓的风控措施示意图只是在网贷平台内部几个部门之间画了几个互相指来指去的箭头，形同儿戏。最为常见的套路就是在网页中的标的额下面附几幅不知哪里下载的豪车大宅图，以示有抵押。

新公司想在网贷行业扬名立万，就要拿出能够横扫市面上现有利息的利率，且持续时间越长越好。问题是，这么高的资金成本得做什么生意才能覆盖。只剩下庞氏骗局一种答案。

有人认为被身边熟人以高息为由骗了还算情有可原，但在网贷领域上当的投资者根本不值得同情。这种说法未免有些不近人情。手里有点儿闲钱，存银行又不甘心，怎么办？难免有人会误打误撞被网贷"网"住。但也并非所有网贷平台都如此不靠谱，业内排名靠前的几家看上去情况要好不少，但相应收益率可能在不少人眼中又没了吸引力。殊不知当一个平台过分关注销售业绩时，就容易以发展质量和稳定为代价，而且高息会向关注者释放错误信号，并导致风险积累。

就事论事，一定程度上来说，P2P 网贷等互联网金融方曾起到倒逼存款利率市场化的作用，为利率市场化做出贡献。投资者想多挣几个利息也无可厚非。只是投资人应务必谨慎再谨慎。

2. P2P 倒台，债务人真的能跑路吗

P2P 大潮退去之后，裸泳者冷暖自知。

前些年"红极"一时的 P2P 近期加速谢幕，沪上 P2P"四大金刚"——善林、唐小僧、意隆、联璧等颇具知名度的平台均"炸窝"，规模高达数千亿元。"天雷滚滚"之下，异常平台甚至有戏剧化发展的倾向，如永利宝平台曾自行向用户推送老板失联短信，建议投资者报警维权。更为要紧的是，随着宏观经济去杠杆的大势，互联网金融行业的监管收紧，备案延期，各平台难以有新钱入账以借新还旧，投资人恐慌开始蔓延，用户信心全面崩溃，这让少数朝规范运作转型中的 P2P 平台也丧失了喘息的机会，一样可能面临挤兑。除了焦灼的投资者之外，那些与这些平台有真实借款业务的债务人可能心绪也莫名复杂。在已倒闭的平台债务人当中，部分个人与企业表现出较低的偿债意愿，那些有偿还能力的债务人也采取种种措施恶意逃废债务，这无疑会对市场造成比平台倒闭本身更为恶劣的连环影响。

因此，针对一些地区网贷行业出现的项目逾期增加、平台退出增多、部分借款人恶意逃废债等现象，中国互联网金融协会发声，呼吁相关部门应进一步加大打击恶意逃废债等行为，维护规范合同的存续效力。尤其是合规运作，引入第三方存管，认真按照 P2P 本意，即个人对个人、点对点，将小额资金聚集起来借贷给有资金需求人群的 P2P 平台。一码归一码。仍在存续的债务只要合法合规，逃废债既违法，又有违公序良俗。此外，对于维持正常运营中的合规 P2P 平台的投资者来说，若其投资的是没有"债权转让"或者"提前赎回"条款的产品，跟风挤兑也难言理智，因为即便是银行类正规金融机构，也难以招架这种风险。这也是互联网金融协会"提示金融消费者应遵循契约精神，依法履约，避免因发生失信行为而引发法律风险"的言外之意。

梳理 P2P 问题类平台的具体特征及其决定因素，切实保障投资人合法

利益，已经成为大众迫切需要了解的问题。

国内 P2P 平台近 90% 由民营中小企业和个人所创，股东整体实力弱，公司治理机制薄弱，这类平台的道德风险、公司治理风险、营运风险存在显著的不确定性，叠加广泛存在的资金池嫌疑，极易引发资金链断裂、圈钱跑路。这方面的风险，一些机构得以通过尽职调查的深度和广度，通过技术来防控。例如，早在 2012 年下半年，支付宝就陆续终止了与 P2P 网贷平台的业务合作，翻开支付宝数百万家线上合作商户的目录，没有一家 P2P 平台得以接入。

大浪淘沙之后需痛定思痛。投资人如何做好风险防控，的确是当前需要直面的问题。

问题一：什么是 P2P？

P2P 的出发点不坏，即个人对个人、点对点地将小额资金聚集起来借贷给有资金需求的人群，这种民间小额借贷的模式，相比银行借贷的严格，给小额债务人提供了另外一种选择。关键点在于运营平台不能存有私心杂念，唯有"纯撮合"收点儿手续费，才能有一线生机。否则，假标的横行，高收益"自融"来的钱必然会走上借新还旧、不知道哪一天崩盘的庞氏骗局之路。

问题二：倘若真的家里有人非得投点儿 P2P，我该提醒他注意点什么？

先看平台股东。纯私企、个人股东显然风险会更高。股东中间有上市公司、国企、央企的，安全系数随着其占股比例的增加同比上升。注意一定要自己查，其自身官网或者业务员口中所述，往往并不真实。

再看从业者素质。如果业务员前两天还在朋友圈干微商，今天告诉你转型金融，所在公司很有实力，要替你管钱。你放心吗？

收益率反而摆在最后。有一些平台也会推荐主打低收益率的产品，让你误以为收益率低就会很安全。

问题三：P2P 倒台苦了债权人，便宜了"幸灾乐祸"的债务人？

的确有一些不懂法的借款人认为平台出了问题，钱就不用还了，甚至有借款人潜入投资人群里，恶意煽动，制造恐慌。但 2018 年中发布的《关于报送 P2P 平台借款人逃废债信息的通知》，各省市互联网金融整治办公室要根据前期掌握的信息，上报各平台风险事件中恶意逃废债的借款人名单。上报内容包括逃废债人员姓名、身份证号码、手机号码、借款公司、平台名称、累计借款总额、剩余欠款金额、拖欠开始日期、是否失联与催收情况等。该《通知》加盖了中国人民银行金融市场司代章，同时抄送中国人民银行征信局、征信中心。这说明逃废债信息有机会与最全面的征信系统交叉比对，对恶意逃废债的人群带来震慑，但具体效果还要看后续的执行力度。

问题四：不少 P2P 的债务人真的能一跑了之不还钱吗？

这反映了我国当前征信体系的不完善，P2P 的借款人未纳入国家征信体系中，一些借款人便产生了侥幸心理，P2P 爆雷潮、流动性危机助长了此种心理。都知道欠银行的要紧，一些债务人觉得欠 P2P 的"能赖则赖"，但类似上一问当中的《通知》等措施真正落实后，将对相关逃废债行为人形成制约。在这一点上，国内外有相关丰富的处置经验与研究结论可供借鉴。

实质上，债权人、债务人两边都是受害者。债权人受害显而易见，债务人逃废债一时爽，后果不可预知，等到进入"老赖"名单，征信出了问题，再后悔为时已晚。

（三）投资江湖"套路"深

1. 股东减持，小散你要擦亮眼睛

经济长期呈现"L形"增长态势、去杠杆依然面临压力，人民币汇率波动增大等因素导致 2018 年年初的 A 股市场前景不明，当时上证指数在低点的拉锯已有一段时日。人气低迷、千股横盘的同时，上市公司股东减持照旧汹涌。一些持股成本较低的产业资本纷纷减持后，是真的用于其宣称的冠冕堂皇的理由，还是别的用途，不得而知。

减持从来都有，也的确会影响市场，但是否可以就此认为大批减持是绊住那时 A 股行情的主要因素之一，其实并无一致论断。不过"警惕高估值概念股减持风险"人所共知。有些存有估值泡沫的上市公司股东减持，可能意味着股东并不看好未来公司的前景，未来存在炒作之后可能会落得"一地鸡毛"。这一点永大集团（现已改名为融钰集团）可谓典型，该公司控股股东、实际控制人吕永祥及其一致行动人曾借高送转概念使其股价"飞天"，从而顺利实现近 70 亿元的获利。但减持半年后的业绩大幅缩水，股价一落千丈。

客观来说，尽管减持理由可能千奇百怪，甚至令人瞠目结舌，但上市公司股东减持并非不合法、不合规，很多时候的减持量也并未超出市场的承受能力，但仍给投资者带来了较大心理影响，说明其中肯定有环节出了问题。股东或者高管作为熟知上市公司信息的内部人士，且不论大规模非正常的减持行为是否利于公司成长，其在减持过程中所使用的一些方法尤为令人诟病。这说明少数内部人士掌握内幕信息并能够从中获益，而外部投资者，尤其是散户，处于信息劣势，导致逆向选择，使证券市场交易效率下降，令三公（公平、公正、公开）原则受损。

而无论基于对市场整体走势、公司投资价值的判断，还是出于公司的内在认识，上市公司股东视自家股份为"烫手山芋"总归不正常。上市公司股东的合理减持无可厚非，但应杜绝超越法律和监管框架的违规减持、"套路"减持，保护不知情的中、小投资者的合法权益。

至于投资者本身，尤其是散户，也要对此保持警惕，坚决用脚投票，不能嘴上骂，手上却去搏一把，切记收敛"与狼共舞"的投机本性。

减持"套路"深，谁拿小散当真？

2. 名嘴谈股论金，小散究竟该不该信

巴菲特 2018 年度股东大会一过，上海股民心目中的"民间巴菲特"、财经"名嘴"廖英强的"人设"轰然崩塌。依据证监会公布的行政处罚决定书显示，廖英强利用其知名证券节目主持人的影响力，在其微博、博客上公开评价、推荐股票之前，使用其控制的账户组买入相关股票，并在荐股后的下午或次日集中卖出，在 2015 年 3 月至 11 月期间，操纵 39 只股票获利 4 310 万元，买卖交易总额超 15 亿元。证监会决定对廖英强没收违法所得超 4 000 万元，并处以 8 600 多万元的罚款，一共罚没近 1.3 亿元。

一些有资历的上海股民乃至全国股民对廖英强这个名字应该并不陌生，

第一财经的"谈股论金"节目在牛市里是非常火爆的节目，每个交易日的晚上黄金时段，节目汇聚了北上广深一批有鲜明特色的草根散户"大拿"，对当天盘面发表各自的观点，堪称"马路沙龙"的电视版。同时，主持人借助互联网和微博、微信等新媒体方式，让"互动"成为该栏目最重要的表现方式。廖英强也是在那个时候声名鹊起，不管去哪儿，其自带的流量都不容小觑，并在2016年创办了"爱股轩"这一证券培训机构。

想来还是创业艰难，未曾料到廖英强在创业之前就已经开始了"收割"。纵观其"收割"的刀法，均为提前买入，张嘴"吹票"后，不论是涨是跌，掉头就卖出，并不恋战。但上海乃至全国的拥趸并没有让他失望，单票单次收益率稳定在5%左右，节目里其言之凿凿的基本面、消息面、技术面的分析，不过只是摆设。"名嘴"尚且如此，更凸显普通散户在股市挣钱之难。

借助大数据、云计算等现代技术，监管部门近年来稽查执法效率的提升，有目共睹。近年来，行政处罚决定数量、罚没款金额、市场禁入人数屡创历史新高。也不难预见今后违法违规行为的发现与受罚概率，会与市场法治水平共同提升。与此同时，从近年IPO过会情况来看，新股发行审核明显趋严，过会率刚刚超过五成。新股发行审核虽然从严，但新股发行节奏却并不慢，审核周期缩短，融资规模甚至小幅上升。资本市场和实体经济不断注入源头活水，说明IPO常态化已是大势所趋。这将从根本上肃清过往动辄"乌鸦变凤凰"的垃圾股、消息股兴风作浪的可能性。而资本市场的进一步开放，除了可扩大外资投资范围至所有金融资产，使外资可控股或者参股基金、证券这些金融机构，更重要的是，可以带来成熟证券市场的成熟投资理念。

二级市场浮沉，对于不少国内个人投资者来说，喜欢听信消息，被"收割"也快。在一个财富呼啸而过的世界里，回过头看过往的熙熙攘攘，再看现在的一地鸡毛，是一件很残酷的事情。毕竟大部分被"大鱼"吞噬的"小鱼"，自己并不是跳不到海里，只是想搭上更快的顺风车而已，只是根本没想到廖英强会"叛变"。上了年纪的中老年散户被曾以为值得"托付"的代言人所骗，如何向自己、家人及亲朋好友交代，如何给自己这么多年的炒股逻辑体系一个交代，个中酸楚，非过来人不足言。

3. 大数据监管和人性自律，谁更靠谱

数日前，一个金融圈里的熟人受到了所在公司的纪律处分并上报了监管部门，这意味着他三五年内将无法跳槽，因为身背这种记录，没有下家敢"接盘"。受处分的原因是他未经批准，头脑一热自告奋勇地用他手头管理的公司官方微信号，在朋友圈内图文并茂地推介了一个即将发行的特定客户资产管理项目，就是市面上常见的 100 万元起步的那种资管项目，发出来半天时间不到，客户看没看到不一定，但监管部门看到了，立即致电尚不知情的公司撤稿并要求处分到人。圈外人看来，似乎有些无厘头，这叫什么事？互联网营销正热门，哪里有错？金融圈里规矩多，这次考的是对特定客户"特定"两个字的理解。圈内人在这起事情中更多看到的是监管部门的反应速度与发现能力。有官微的公司那么多，一天发出来的消息加在一起不知道有多少，能够在其撤稿前就发现，这背后应该不是人工监管，而是大数据在支撑。

因此，之后听到上海地区基金公司中有若干名权益类（股票型）基金经理因大数据稽查匹配中较为可疑而被监管部门带走协助调查，也就不那么令人意外了。钱字当头，考验人性自律。以往我们所熟悉的自律手段有：包括基金经理在内的所有可以看到仓位与持仓的员工开工前必须上交手机，电脑上除了可以监控内容的 MSN、企业 QQ 之外，其余社交工具一律不被允许安装，交易室 24 小时全程监控，交易时段其他部门人员不得入内等，

不一而足。但更多的仍是依靠人的自律，而这种自律能够经自己过手的，动辄以亿为单位的人民币面前，能起多大的作用，这种作用又会起到多久，令人置疑。所以，真正靠谱的还是细节完备、处处留痕的大数据监控。毕竟，一些有意"刀口舔血"的基金经理、上市公司高管、公职人员，想站高压线下面把不属于自己的钱给挣了，必须要通过其他账户入场操作与配合。早已被广泛应用于华尔街金融从业人员的行为模拟，令人不寒而栗的大数据挖掘，几乎可以还原账户之间全部事实关联，还可以通过无数次的模拟分析找到看似无关，但本质上相关的账户之间的交易关联。毫无疑问，这是一场手段升级带来的监管革命。大数据监控将一别以往需耗费大量人力、物力，还有人情寻租的侦查时代。

资本市场的监管力度一直在走强，大家现在也能逐步感受到一些数据支撑。稽查队伍一再扩编，背后的意义更多的应该还是在于去改变原有的权责体系。加上现在有大数据这个利器傍身，这才是我们现在看到立案比以往迅速，案件转移比以往顺畅的原因所在。而包括 IPO 在内的其他事情，可以逐步都交还给市场。

问题一：为什么股价再低，都会有减持这种事？

根在于持股成本。敢于在低点减持的机构或者个人不一定是在割肉，而是仍有获利，甚至获利不菲。这些资金大多在股票一级市场上市之前已经介入，其成本之低不是二级市场股民可以想象的，一旦相关法规规定的持有期满，减持冲动是天然的，也有合理性。

问题二：怎么看出来是非合理减持？

不是说不能减持，我们是痛恨"套路"减持，其往往会表现为："高送转"、散布莫须有的跨境并购、突然进军与主业不相干的热点领域。以此来吸引投资者跟风炒作，股价边拉边跑，最后一地鸡毛。对于这种减持，投资者必须谨慎跟风。

问题三：类似廖英强之类的股评名人陷阱，如何防范？

这种由信任驱使的"入坑"最难防范。证券类投资又与一般的发财路数行骗推荐有所区别，在暗示、跟风、炒作等带有主观因素配合的情况下，投资者往往自行"入坑"。和那些鼓吹股票投资的"骗子"组织的微信群一样，那些微信群里往往有"捧哏"、有"逗哏"，甚至除了一个被骗者，其余数十人都是骗子。普通投资者还是建议多从正规金融机构获得投资建议，如券商各营业部的投资顾问，银行各分支行的理财经理等。

问题四：类似被坑，是否有可能获得赔偿？

一般来说，类似这种监管机构已经给出明确处罚结论的案件，散户索赔后胜诉的可能性很大，但单个投资者一般都会嫌麻烦，因而散户投资者可以联合起来，聘请律师共同起诉。市场上近年来已多见类似胜诉案例。

问题五：上文中特定客户资产管理项目指什么？

公募基金有特定客户资产管理计划，公司基金子公司有专项资产管理计划，信托有集合信托计划等。这些可以通俗地理解为投资者参与的门槛百万元起步，不向一般的投资者公开募集，具体投资范围要根据合同的约定，除少数分级结构化产品，均不能承诺保本保收益。

问题六：大数据有那么靠谱？

大数据可以先进到什么程度，已经超出很多人的想象。比起人性自律，当然要靠谱得多，可以分析蛛丝马迹，还原多账户之间的全部事实关联。这在以往只能依靠人力去甄别"老鼠仓"等犯罪的时代里是难以想象的。

第二章

资本市场的壁垒？
破不了但可以绕得过

（一）重组的"不败神话"

1. "重组"股，收了神通吧

　　A股昌九生化（600228）是一只令不少股民记忆犹新的上市公司股票。其在当时重组失败后的走势令人五味杂陈，6个跌停板之后，仍未放量，延续跌势。当时，有不少巨亏的投资者前往各地监管部门讨要说法，其中不乏很多因为加了融资杠杆导致爆仓，加大了亏损倍数而面临家破人亡的投资者。面对这一幕，旁观者如果只是骂上一句"活该"，难免有失公允。毕竟股市中赚钱才是硬道理。因此，当前的投资者教育很艰难，正确的投资理念也很难确立。

　　早在2007年，国内著名经济学家华生教授就对"重组"这一资本市场运作方式提出过若不能严格规范，不如废之的建议。五六年下来，围绕重组股上演的一幕幕，一定程度上证明了他的理念。从旁观者的角度来看，重组相关制度要求仍不够规范与刚性，部分条款过于依赖人性而缺乏可操作性，信息披露仍显随意。

　　鼓励借壳重组，是希望市场外的优质资源可以体面地嫁接到市场内部来，给股市带来巨大的新生活力。本意并没有错，但是不得不说事与愿违。而低价垃圾股的重组往往只是从社会稳定的角度，从救助流通股东利益的角度出发。特别是当前 A 股 IPO 并不轻松，壳资源仍具优势的今天，无论机构还是散户，存在潜在意向的重组股就是大家目光追逐的焦点。这其实对证券市场的长期健康发展是非常不利的，正因为有这个摇身一变的可能性，当然消息满天飞。炒垃圾股的人赚钱多，自然会有人对垃圾股趋之若鹜，甚至不惜铤而走险，利用融资杠杆来博取收益的放大。更糟糕的是，垃圾股炒作泛滥成灾的趋势往往是"一波还未平息，一波又来侵袭"，人们会逐渐形成"套不怕""不怕套"的投资信念。这与我们多年来鼓励重组、借壳上市等逆向刺激政策密切相关。优胜劣汰、新陈代谢被人为阻断的后果就是该退的退不了，该进的进不来。

围绕着重组股的敏感地带，虽然监管部门一直严防死守，加大打击力度，严惩违规违法，但坦白说，任何的资产重组、注入、借壳上市等，难免早已小道消息满天飞，近水楼台先得月。相关上市公司在获得最终的行政许可或者明知即将告吹之前，尽管磋商、报批等各项流程衔枚疾进，却总是一再公告"不存在应该披露但未披露的事项"。等到木已成舟，股价早已翻了好几个筋斗或者跌落深渊，而处于信息链最末端的普通投资者只能处于追不进或者跑不出的状态。这些打监管政策的擦边球，显然需要从源头制度上进行治理。对此，境外股票市场的惯例是，严格限制借壳行为，不受理任何在股价异动之后上报的审批事项。

只有规则清楚、严格执法，才能让重组股收了"神通"，逐步抑制垃圾股的炒作，最终将垃圾股驱逐出股票市场，才能让价值投资有生存的土壤。

2. 抓"重组"的小散你威武雄壮

投资中"玩"过期货，再买 A 股，便会觉得不够刺激；买股中抓到过成功的重组股，再看其他股票的涨跌，也会嫌不够威武。成功重组股的走势，筷子形天天一字板的"吃独食"走势，"板内人"食髓知味，"板外人"跺脚艳羡。公认的重组股名捕手——公募"一哥"王亚伟在转向私募后，曾经成功伏击两只重组股——英特集团、和晶科技，均公告终止资产重组，股价也随即崩塌。"一哥"准头尚且如此，小散们刀尖上舔血，惊恐和教训非过来人不能体会。

不管是借壳上市目的的资产置换，还是避免关联交易的资产重组，或是剥离主业无关业务。无论是哪种重组，本质上是一种利益的重新组合。因此，对于股市，对于重组双方当事人，任何重组行为都是股市中的大事件。同理，每一次的重组行为、事件都不是一时冲动，而是一种"蓄谋已久"的利益行为。事关利益，触动利益比触动灵魂更难。那么，你我到底有没有这个能力去区分它的真假，是企图去抢别人碗里的一块肉之前，我们首先要考虑的一个问题。

严格来说，挖掘重组股的波段其实并不需要靠道听途说或者真真假假的小道消息，因为除了极少数人知道内幕，一般人并不占优势。反而很多机会只能存在于"相见早留心"，例如看疑似重组股的所在地政府对于资本市场的重视程度来做预判。假如当地有具备优势的企业没有上市，而且还有壳资本要出售的话，政府往往会促成借壳上市。再如一个央企集团旗下已经有几家上市公司，其中有的已经启动了重组，那么其余上市公司的重组预期就会比较强烈。很多散户往往费尽心思去打听一些内幕消息，却没有发觉自己的自选股里面也有几只是"被遮蔽的金子"。

在通过种种蛛丝马迹分析出个一二之后，还要注意"君子不立于危墙之下"。即便标的是 ST 股，还是得选择那些具有必然的基本面支撑的疑似重组股。重组前股价越低越好，安全边际越高。即使重组失败，介入后股票的跌幅也有限。所谓股品如人品，仿若人品堪忧的人，你还要硬去与他相好，只能自求多福了。要知道，尤其是因亏损而去重组的 ST、＊ ST 股，在一纸暂停或重组失败的公告面前，来个十几个跌停的断崖走势，你想出也出不来。不过，要是实在不幸遇到了这种情形，倒也不必着急了。投资款不是高利贷，不等急用的前提下，不如干脆卸了股票软件，不去看这些跌停。失败的重组股就像猎物，后面不乏各路猎手觊觎，都是波段的金子。保不准几个月后又会重启一轮和别家公司的谈判，朦朦胧胧中股价又开始狂飙，直到下一个循环。

"乌鸦变凤凰"也是股市曾经的魅力之一。重组股的一个不能否认的现实而深远的意义在于，它把市场外的优质资源体面地嫁接到市场内部来，给股市带来了巨大的新生、活力。小散们如果一定要做重组股，就得提升成功概率，尤其不要陷入别有用心的陷阱。此外，要相信每一个交易日都有机会，即便重组成功，也不是一蹴而就的事情。董事会预案、召开股东大会、证监会批复和实施这几个阶段之间都还有操作空间和时间，选一段自己认为把握最大的去"啃"。

实在赌错了，就只能当价值投资，捂着等解套。

问题一：并购重组为何曾经这么火？

由于在注册制实行之前 A 股 IPO 排队时间较长，并购重组带来的财务并表是提升上市公司业绩和估值的最快捷方式。犹记上一波暂停新股发行的那一段时间，实体企业通过证券化进入 A 股的路径只剩被上市公司并购重组这一条路。对于有估值泡沫压力或者炒作成性的上市公司而言，对通过并购来弥补业绩进而拉高现有股价的行为有着天然冲动。

问题二：并购重组能正常点吗？

现行规则完善后，炒卖"伪壳""垃圾壳"的牟利空间将大幅缩减。强化证券公司、会计师事务所及资产评估等中介机构在重组上市过程中的责任，按"勤勉尽责"的法定要求加大问责力度，"连坐"也是让并购重组回归正常的重要手段之一。

问题三：ST 公司里面的重组机会是不是更多？值得搏一把吗？

迫于退市的压力，的确很多 ST 公司都在积极重组，但短期投机和概念炒作盛行，散户由于处于信息链的末端，动作慢一拍而被套住。同时，随着借壳重组门槛的提高，尤其是 IPO 提速，壳资源的优势在逐渐消失。企业能直接 IPO 上市，自然不愿意去背负沉重的包袱。

问题四：靠谱点的并购重组应该是什么样的？

上市公司在并购时从产业升级、协同角度考虑得多的，才是靠谱的重组。产业协同、整合带来协同效应，并购后方能使企业竞争力和市场占有率提升，进而提升基本面，在基本面的驱动下提升股价，放大上市公司的市值。如果单纯只是冲着提升股价而来，那并购重组多半是不靠谱的。

（二）定增趋严的逻辑

1. 定增为什么被收紧

定增这台"抽水机"近日终于被拧紧了阀门，市价发行、20% 的股本限制、18 个月周期，这三条监管措施可谓直捏"七寸"。

众所周知，近年来上市公司定向增发业务以"获配对象少、门槛高、有折价、有暗保"令局内人窃喜，局外人艳羡。定增业务发展至今，光鲜又神秘的同时也出现了不少弊端，首当其冲的便是一些定增项目已有异化为黑色产业链条之势。因而，在此次整顿之前，监管层早已通过窗口指导查缺补漏，例如鼓励将发行期首日定为定价基准日，规定三年期定增价格只能调高不能调低，对定增相关保荐机构、保代、内核负责人做专项问核等。这也是多家 A 股上市公司发布终止定增公告的主要原因之一。

回顾过往数据，从 2014 年开始，定向增发迅速增长，很快达到每年万亿元的规模。从 2006 年到 2016 年，11 年间定增规模增长了 29 倍之多。这也造成每年定增解禁这块的规模居高不下，说是 A 股的抽水机并不过分，弱市里远超同期 IPO 募资额。

定增为何发展得这么迅猛？除了上市公司数量在这十余年间有了较大的增长，国家政策上简政放权的扶持之外，显然还有别的更为重要的因素。

我们注意到，各种所谓市值管理手法都在配套定增使用。围绕定增方案的公布、实施、解禁前后这几个关键时间节点前后，定增主导方在上市公司大股东的配合下，对股价的操作手法越来越娴熟，往往在一年期或三年期后获利丰厚，吸引私募、公募、银行、第三方的资金都借道参与进来。但普通投资者若想从中分一杯羹，并不见得有多容易，一不留神就有成为炮灰当接盘侠的危险。

应当说，一级半定增市场是享受到了政府扶持实体的政策红利，但越来越多的定增资金却最终与实体经济并无关系，几乎全在二级市场扑腾，甚至去购买银行的理财产品。所以，从一定角度去看，定增已成为一些上市公司的提款机，谁不定增就是异类，市场对定增颇为警惕。此外，尤为令人生厌的是某些主业经营起来都吃力的上市公司，往往热衷于通过再融资来进行跨行业转型，动辄定增若干轮来募资开展热门项目，股价往往经历一飞冲天到一地鸡毛的过程，之后又来新一轮的如法炮制。相关参与者每次操作一番，便可凭空从二级市场赚得盆满钵满。天下哪里还有比这更好的生意？

在市价发行、20% 的股本限制、18 个月周期这几个关键点上做文章，明显是捏住了"七寸"，也意味着监管开始让真正优秀的上市公司走到前台，通过优先股、可转债来募资做实事。倘若乱象频出的定增不整顿，优先股、可转债的收益对比之微薄，显然更容易无人问津。

对定增乱象调整的终极意义在于保护二级市场投资者，尤其是中小投资者的利益。从资本市场建设的宏观需求来看，相关监管宜早、宜快，好在整顿措施虽然晚到，但终未缺席。

2. 市场化定价才是定增的"七寸"

近年来，定向增发逐步成为上市公司再融资的首选。尽管有统计表明在上一波股价大幅下跌之前的五年间，定向增发市场的规模和收益都远超 IPO（首次公开募股），但普通投资者若想从中分一杯羹，并不容易。

一些人直指定增是"圈"钱，这显然过于绝对。因为很多定增的公司本质上并不缺钱，定增只是为了引进战略投资者，或者大股东确实想踏踏实实做点实事，一举两得做好市值管理。公认的"坑"是上市公司找个利好借口，配合一些资金方逢高出货（如大股东解禁，参与 IPO 的 PE 解禁）。更有擅长资本运作"游戏"的大股东，在定增之前曾疯狂减持，持股数量已降到再低就会失去控制权的边缘。此刻推出定增，大股东通常积极认购，再提升持股比例。高位减持低位买回，最后持股比例并未减少，每次操作一番，便可凭空从二级市场赚得盆满钵满。

好消息是自 2016 年起，监管层开始查漏补缺，窗口指导在将发行期首日改为定价基准日之后，继而要求三年期定增价格只能调高不能调低，或者改为询价发行，定价基准日同样鼓励使用发行期首日，并已开始引进对定增相关保荐机构、保代、内核负责人的专项问核。

在定增市场化定价这个关键点上做文章，意味监管开始朝市场资源配置扭曲、利益输送这些"动刀"。众所周知，定增老手们最喜欢的就是在定价基准日上做文章。按相关法规，定价基准日可以在董事会决议公告日、股东大会决议公告日、发行期首日中间选择。其中因为董事会相对好控制，可随时召开，容易确定最有利的发行价，所以选择董事会决议公告日的最多。选发行期首日的最少，因为相对最难把控。但市场化定价对于大股东兜底，即对大的机构投资者签订承诺一定收益率的抽屉协议（指银行与企业共同签订的私下协议），这一常见对价作用不大。但大股东也并非万能，遇到自身难保的极端情况，类似券商集合理财产品、公募基金、社保等集合资金的受托人最易受到伤害。

并且，不同于一年期定增项目已多采用询价发行，三年期定增项目当前仍以公告决议日为基准日直接锁定价格，常常发行价与市场价差异较大。三年后是否赚钱不论，步骤上对于很多没有参与进来的中小投资者来说，难言公平。

此外，某些主业经营起来都吃力的上市公司还有一个惯用伎俩，往往热衷通过再融资来进行跨行业转型，动辄定增若干轮来募资开展对项目细分和前景仅有一本"糊涂账"的热门项目，醉翁之意不在酒，与市场心照不宣。这也造成一个颇具黑色幽默意味的悖论，即定增等再融资类的审批一定程度上类同 IPO，要求上市公司事先锁定价格，但市场不好时又允许调价。上市公司走完各种烦琐的程序起码要半年到一年，非常容易与瞬息万变的市场脱节。市场化定增定价之后，有望消解这一尴尬，让真正有底气定增募资来做实事的上市公司走到前台，享受类似绿色快速通道的待遇。根据相关报道，监管层最新窗口指导的精神是三年期定增无论是否报会，若调整方案，价格只能调高不能调低。或者改为询价发行，定价基准日鼓励用发行期首日。一年期定增方案可以调一次，但不鼓励，更不鼓励重开会规避，对该种规避会进行实质判断。如采取发行期首日作为定价基准日的，原则上不会再出反馈意见，审核一切从宽；对于定价定向发行，审核一切从严。

定增市场化定价对过大的"暧昧"价差进行了有效遏制，带来了发行折价率的大幅下滑，进而保护二级市场投资者，尤其是中小投资者的利益。但围绕如此大体量的定增相关政策的调整，尤其是对抽屉兜底协议、追逐热门题材的规范，市场化定价是一个好的开始。

问题一：何为定增？

定向增发指上市公司向符合条件的少数特定投资者非公开发行股份。一般发行对象不超过 10 名，锁定期一般分为 36 个月、12 个月和 6 个月（2020年新规，对应不超 35 名的发行对象），价格相对现价有一定折扣（一般为公告前 20 个交易市价的九折）。

问题二：定增为什么容易出猫腻？

"折价买股""超额收益"一度是定增投资的标配。规则打补丁之前，A股上市公司对于定增手法的运用越来越娴熟，这当中成功实操的案例不少，但也难免有更多的噱头与故事。二级市场的波动也在所难免。这种氛围曾经一度感染到新三板，部分新三板公司有样学样，照葫芦画瓢，最终难免也是"一地鸡毛"。

问题三：为什么说市场化定价是捏住了七寸？

新规之前，市场上看到的定增定价基准日十有八九都是董事会决议公告日。因为董事会的召开最简单，通信方式、现场方式，都比召开股东大会简单，在股价最"炫"的那几天里面挑就行。一般没有人选发行期首日市场化定价，因为当天走出什么股价谁也不知道，最难把控。

问题四：散户能碰定增吗？

一般散户并无接触定增的机会，因为门槛较高。通常来说，认购公募基金一对多专户或者集合信托，再由机构管理人参与定增是比较常见的操作模式，但起始金额一般为一百万元。因而，对于普通散户来说，更多是需要关注上市公司定增募资的用途是否真实及解禁时点。

（三）退市，这下可能动真格了

1. 老虎真吃人，才不会再有人下车

欣泰电气（现已退市）是一只值得我们记住的旧股。其在2016年7月12日复牌之际，一时风头无两，不仅吸引了财经界"段子手"的关心，而且自身凭借每日千万级的跌停板交易量尤其是27日从跌停到涨停一举吸睛无数。根据深交所《重新上市办法》与欣泰电气自己的公告，我们可以确认的是，欣泰电气在暂停上市之后无法恢复上市，在终止上市后无法重新上市。自A股有退市制度以来，没有比这还确定的退市了。铁定的废纸一张，买入就是亏钱的欣泰电气却能有如此表现，的确令很多人困惑不已。

仅归因为我们的投资者教育不到位，不符合现实。数十家券商在欣泰电气复牌后，通过短信提示、网站公告、客户端公告、电话回访等方式相继提醒投资者注意风险。深交所一直持续发布公告提示风险，并将欣泰电气列为重点监控股票，设专人专岗，对其交易情况密切监控。在欣泰电气出现涨停时，深交所立即核查交易情况并采取了相应监管措施，电话告知几家买入量大的券商，提醒客户交易风险，对买入量较大的账户发出限制交易警示函或异常交易警示函。盘后有消息称部分券商当日规定投资者需通过柜台委托方式才可买入欣泰电气，且在柜台投资之前必须签署《特别风

险提示函》。再没有比这个还要"呵护备至"的举措了。从事后账户数据统计来看，共有 7 372 个账户买入该股，其中仅 2 个机构账户，其他均为个人投资者，分布相对较为分散。

说是主承销商兴业证券打的算盘，也解释不通。根据兴业证券关于欣泰电气欺诈发行先行赔付专项基金情况的公告，虽然其出资人民币 5.5 亿元设立了先行赔付专项基金，但实际上自 2015 年 7 月 15 日欣泰电气披露了公司被立案调查，可能被暂停上市后，兴业证券的先行赔付和其后尤其是现在的买入人，已经一点儿关系也没有了，兴业证券没必要买，买了只会增加亏损，之前该赔的还是要赔。所以买盘依旧也只能是"任性"的游资和普通投资者。

因而，与之前踩雷欣泰电气而深陷泥沼的昔日私募冠军创势翔一样，散户买入欣泰电气的逻辑，可能就是一场豪赌。赌欣泰电气能起死回生，不会退市；即便会退市，赌只要有交易，股价就可以波动，有波动就可能有收益。毕竟，A 股待久了的炒股买家路径依赖太强，更不用提及往日权证的疯狂。

这么说来，无论是监管层还是券商经纪人，既然规矩已经定好，风险警示完，尽到该尽的责任，就不用再呵护备至乃至插手交易环节，不放手，孩子不会成长；不亏钱，有些人不会长记性。这也是真正的投资者教育，亏钱的投资者教育课可能更为有效。欣泰电气退市作为全市场的公开课，你可以认为欣泰电气可以被并购、换壳、去海外上市；你也可以认为其没有资本市场价值，却有实业价值。但是老虎真吃人，才不会再有人不顾一而再再而三的风险提示开门下车，我们只需要确保看到其一退到底，此例一开，A 股健康可期。同样，欣泰电气倘若最终可以起死回生不用退市，炒股老手们在 A 股博傻的心态只会愈加坚决，可惜他们的算盘落空了。

2. 退市：从"虚设"到威慑

2018 年中，证监会发布《关于修改〈关于改革完善并严格实施上市公司退市制度的若干意见〉的决定》，本次对退市规定的修改，最为引人注目的就是明确上市公司在原规定中的欺诈发行、重大信息披露两大违法情形之外，有其他涉及国家安全、公共安全、生态安全、生产安全和公众健康安全等领域的重大违法行为的，均构成重大违法，直接启动强制退市。不错，说的就是长生生物。当时部分机构给其预估二十个跌停板，众多机构与散户尚来不及逃离。

自 *ST 博元作为首只因"重大违法"的股票被强制退市以来，多只 *ST 股票均已退市或正在退市的过程当中。继"欺诈发行"和"重大信息披露违法"原有规定之外，监管层本次为构成退市的重大违法情形扩容，剑指那些严重危害市场秩序，严重侵害群众利益，造成重大社会影响的上市公司，必须坚决依法实施强制退市。与韩国的"熔炉"法类似，本次修改亦可称为"长生"规。

老生常谈，退市难的本源在于上市难。同时，股票市场的优胜劣汰功能不足是 ST 股票被过度投机的根源所在。但随着近年 IPO 的提速，这一现象得到了根本性的改观。加上监管层对退市动真格，过往炒垃圾股，赌"乌鸦变凤凰"的壳资源逻辑早已悄然崩盘。

但正如同"长生"规出台的同时，监管层特意指出的那样，上市公司退市虽改变了公司股票交易转让的方式，但公司本身仍然是股份有限公司，公司的控股股东、实际控制人、董事、监事、高级管理人员作为相关责任主体，对职工、对投资者的责任并不会因此缺失。对于不幸"中招"的中小投资者来说，落实这些主体的相关责任，履行相关职责，有理有据，天经地义。这背后的深意在于司法追溯、赔偿机制等配套措施的跟进。毕竟依照当前退市制度，中小投资者虽有"退市整理期"三十个交易日的交易机会等极少数救济手段，但大多已经于事无补。

2013 年"绿大地"案相关责任人被追究刑责的同时，对相关股民做出了民事赔偿，是一个虽曲折但绝对利好中小投资者的开端。此后，开始有一些包括专门机构，通过召集被 "重大违法"上市公司所欺骗的中小散户来发起民事诉讼集体维权；或者通过持有上市公司股票获取股东资格并参与公司治理、行使股东权利。本次长生案发后，仅新浪股民维权平台一家，短短数日已收到 539 件针对长生生物的维权，其中 438 件已被律师受理。其他类似平台或自发的维权正在持续征集中。

相比投资者权益救济机制的自我强化，对重大违法上市公司的责任追究机制和赔偿机制建立更为关键而且更难，因为只某一个部门的力量显然不够。细化来看，对于发行人、保荐人、中介均应承担连带赔偿责任并落实问责机制，对包括中介方在内的造假上市者，不论在任何时候发现，对造假主导者都应追究高额连带赔偿责任，承担"倾家荡产"都难以弥补的经济民事赔偿，方能对投资者利益保护到位。

此次"长生"规补丁一打，除了 A 股主营食品、药品等直接、无差别影响人身健康与安全的上市公司必将更为谨慎；对于其他类型的上市公司，以及机构、个人投资者自身，都是一个及时的警醒。

3. IPO 过会节奏，快点好还是慢点好

众所周知，自第十七届发审委在 2017 年底履职以来，以 IPO 公司的过会率一再降低为主要标志，从三过一、四过一到七过一不等，堪称"史上最严发审委"。本届发审委能够坚持"铁面办公"，有两个技术手段：一是当期委员产生随机，审核团队临时组建。对参与发行审核的 7 名委员采取

一次一授权，由电脑摇号产生当期的发审委委员，不固定召集人、不固定组，临时组建发行审核团队。这种做法显然使得其被"公关"的难度大为上升，也保证了发审委委员们在审核的过程中少受外界因素掣肘；二是证监会党委决定成立发行与并购重组审核监察委员会，对首次公开发行、再融资、并购重组实行全方位的监察，对发审委和委员的履职行为终身追责。

如此一来，本阶段IPO过会公司的质量之优，当属经得住挑拣，也有望经得住时间的考验。毕竟，每一个A股股民对新股上市后业绩变脸并不陌生，与其放这些"变脸大师"进来，不如门槛设置得高一点，把成本提高到一定程度，上市公司自己也会评估。因此对发审委的严审，普通股民想必没有太多理由反对。感到不适的恐怕主要是Pre-IPO阶段的投资人和"带病"谋求上市的公司本身，IPO本应是水到渠成的事，企业发展到一定阶段，成熟到可以吸纳社会公众的资金，自然而然去IPO。但现在的VC、PE热，把企业的核心竞争力变成了能否IPO。曾几何时，市场普遍认为A股IPO正在整体加速，公司只要有利润，不管做什么行业、排名、有没有核心竞争力，似乎都有可能上市。于是投资人一拥而上，一窝蜂地挤在IPO的独木桥上。但作为投资人，可能所有的账都算对了，所有的对赌条款都把自己保护到极致了，唯一赌错的可能就是所投的公司只是平庸的二三线公司。泥沙俱下，良莠不齐之中，不止财务造假，也包括大量违约。即便IPO有幸成功，所有回购义务自动取消，后面市盈率是30倍还是10倍只能交给市场，没有人能为此担保。况且，即便是公司或大股东有回购承诺，然而在IPO未成功的情况下，真正有能力并且愿意履行回购承诺的公司和大股东可能并不占多数。

上市热使得股权投资越来越像债权投资。投资人很多时候"连计算器都不用"。投资变得越来越没有含金量，往往只需弄清楚两点。一是市盈率要留出一定的安全地带，因为当前A股IPO发行定价有一定倍数市盈率的政策"天花板"。另一个就是确保公司申报IPO没有一眼可见的"硬伤"，比如有无"三类股东"、实际控制人变更等方面的问题。市场成熟到一定程度，这种公司上不了市，不一定是监管层不让，很可能是二级市场没人愿意买，相关投行也得有本事把股票卖出去才行。但基于目前 A 股普通中小投资者占比过半，"炒新"习气仍然存在的现状，最严发审委的出现可谓恰逢其时。

由于审核团队形成机制、审核监察机制的完善，可以预见未来也很可能持续保持从严审核的态势和较低的过会率。同时，这一届发审委对首发企业财务数据的真实性、持续盈利能力、信息披露、关联交易等问题的关注，说明审核理念完成了从业绩为王到全面综合、审慎评估的质变。这种"带感"的过会节奏，对于某些意在滥竽充数的过会公司及其投资人自然不是好消息，但对于现阶段 A 股的中小投资者的保护及整个市场的发展，却可能是必由之路。

4. 仙股，值得投资吗

2018 年 2 月 1 日的 *ST 海润股价收盘报 0.97 元，沦为仙股。这也是自 2006 年以来，A 股市场时隔 12 年再次有股"成仙"（剔除已退市公司）。港股市场中，人们通常把股价低于 1 元的个股称为仙股，这个称呼在 A 股市场也适用。统计显示，目前 A 股股价接近仙股的股票大约有 26 只。

与十几年前不同的是，当前 A 股市场结构已经发生了翻天覆地的变化，价值投资的理念从来没有哪一次像今天这样深入人心，主板蓝筹受追捧，中小板、创业板也提出了创蓝筹的概念。当然，这都是真金白银堆出来的教训，业绩稳定的蓝筹、白马翩翩起舞，即便大盘屡次下探仍回撤有限；好讲故事的绩差股原形毕现，直坠谷底，直至"成仙"。更为严重的是，这些仙股或者准仙股的流动性普遍堪忧，成交量急剧萎缩如噩梦般如影随形。在当前监管趋严的背景下，一旦有仙股确定被退市，流动性更是趋于零，机会成本高昂。

不过，在散户投资者仍占有较大比重的 A 股市场，市场上从不缺乏热心关注和炒作低价股的投资者和股评家。研究表明，散户投资者规模越大，低价股的溢价效应越强；机构投资者的持股比例越高，低价股的溢价效应则越弱。这一结果说明低价股溢价效应主要是由散户投资者引发的，因为散户投资者更容易受到名义价格幻觉的非理性因素影响。"仙股"不排除短时盈利的可能，但从长期来看，出现亏损是大概率事件，羊群效应的最终结局一般是踩踏，这也是近期 *ST 保千里、乐视网等低价股不是连着几天涨停买不到，就是连续多日跌停卖不掉的局面背后的主要原因。

仙股大多已经"披星戴月"或者离被 ST 、*ST 时日不远，业绩差、积重难返、包袱沉重。押重注在仙股上，大概率是基于赌"乌鸦变凤凰"的壳资源逻辑。不过这种垃圾股靠壳溢价保底的怪象，随着近年 IPO 的提速得到了根本性的改观。随着存量企业的不断消化，IPO 排队时间也明显缩短。同时值得一提的是，虽然 IPO 过会总量增加，增速加快，但整个 IPO 审核却有趋严、过会率降低的趋势。加上净利润指标并无"绝对标尺"，即高盈利不是过会的保障，赚钱少的公司也有可能拿到 IPO 通行证。这无疑是朝着注册制道路发展的健康态势。

再联系 2018 年初 *ST 吉恩和 *ST 昆机终止上市，加上首只因"重大违法"（"欺诈发行"和"重大信息披露违法"两种情形为重大违法）被强制退市的 *ST 博元，退市正逐渐成为威慑，当前 A 股可能是有史以来最健康的时刻。有理由认为过往炒垃圾股的投机理念已经被宣告正式崩盘，剑走偏锋的小市值逻辑行将崩塌。当下投资仙股往往风险巨大而收益不确定，风险收益严重不成比例。

有股成仙的同时，A 股正在经历更为透彻的国际化。在此过程中，"业绩为王"是不变的准则，无论市场如何震荡，价值投资的主线将难以撼动，这倒是一件令成熟投资者感到快乐的事情。

问题一：为什么有人明知会亏钱也要买？

这是百思不得其解的问题。答案只能有两个，一是这些买入者自己不懂，不懂他在干什么；二是认为后面会赚回来更多收益。显然后者的可能性大，认为不会退市，只是嘴上喊喊，因为之前尝过甜头，所以想照章办理。刻舟求剑之举忽略了世道演变，如今遇到实打实的退市，教训再深刻不过。

问题二：退个市为什么这么难？

归根结底是因为资本市场的入口门槛太高，退出去容易，再进来难。即使监管层希望劣质企业退市，但从上市公司自身的角度考虑，退市路上总有人救，包括财务会计处理及政府变相支持等。随着 IPO 注册制提速与退市动了真格，进退自如是一个可以期待的方向。

问题三：长生生物这种惊天大雷防不胜防，怎么办？

这种惊天大雷与一般的绩差股、ST 股不一样。买后者本身就是博一把"乌鸦变凤凰"，愿赌服输。长生生物这一种，本原是绩优股，是价值投资的典范，这点从持有人当中有众多的机构参与者就能看出来。这种雷可谓防不胜防，只能从事后追偿上去想办法，组团打官司索赔已有成功先例。

问题四：本次补丁为什么被称为"长生规"？

继"欺诈发行"和"重大信息披露违法"原有规定之外，监管层本次为构成退市的重大违法情形扩容，剑指那些严重危害市场秩序，严重侵害群众利益，造成重大社会影响的上市公司，必须坚决依法实施强制退市。因此，把 2018 年中的这次补丁称为"长生规"，毫不为过。

问题五：IPO 节奏难道不是快点儿好？

到底是快好还是慢好，都不如正常点儿好。快了会出现滥竽充数，二级市场容易"雷声滚滚"；慢了又容易形成"堰塞湖"，好公司进不来。其实 IPO 节奏正常一点，标准统一点就很好。

问题六：对发审委委员履职行为追责，可确保 IPO 公司质量？

对发审委和委员的履职行为终身追责，主要起威慑作用。但 IPO 公司质量究竟如何，首先得问保荐机构。保荐人和保荐券商必须尽职担责，才能谈得上确保拟上市公司的质量。科创板拟实施的保荐券商强制跟投措施，就挺不错。

问题七：仙股虽仙，但是真便宜，值得买吗？

仙股因为便宜，所以可以更便宜。绩优股因为贵，所以可以更贵。不排除在牛市末期，大家可以一起"鸡犬升天"，但大部分时间，挣钱与仙股无关。而且这些公司往往自身股本庞大，市值不小，想搞点儿事情也不容易。即便侥幸逃过退市，想短期内走出困境，也是不现实的。

问题八：仙股的出现是否是大盘见底反弹的标志？

将仙股的出现视为大盘见底反弹的标志，有一定的道理，但也有些许偏颇。根据相关数据，在之前的数次牛市中，低价股的表现要远远强于高价股以及同期上证指数和深证成指的表现，倒是令人"心醉"，但是一旦被套，低价股的流动性明显弱于绩优股，投资者就不得不付出高昂的代价。

（四）新股，今天你中了吗

1. 收了新股的"超级待遇"如何

一贯淘气、不听话的学生，在班级里应当受到相应的教育，而不是享受其他同学都没有的优待，这一点毫无疑问。当 A 股中"三高"新股发行，上市首日涨跌幅不设限，这就如同一个顽劣至极的孩子，却还享受其他同伴所没有的超级待遇。

新股发行定价与二级市场脱节，造成新股不败神话和新股首日流通价格的暴涨和暴利，问题由来已久。巨额申购资金追逐无风险收益，申购时处于资金弱势的中小投资者利益必然难以保证。股价结构性扭曲和结构性泡沫众说纷纭。

供不应求应该是大家都认可的一个原因。上市首日流通比例不足，造成股票配售难。那些在一级半市场失意的散户资金，共同将股价炒到"三高"的巅峰。上市公司却没有享受到这个溢价，也并没有能够使用到这笔资金，而那些靠资金密集度低却获配的"打新"的资金获利丰厚。与此同时，上市公司却需要面对在接下来的日子里使自己的表现配得上首日虚高股价的重任。

在新股遇到超额认购时，配售更倾向于资金弱势的中小投资者；或者扩大上市公司首日流通比例和数量，钱即便超募，倒还是留在了上市公司。这些做法都可以降低上市首日的疯狂度。至于依靠存量发行增加新股供应量，则是抱薪救火，属于另外一个不公平的范畴——老股东套现。这点已经被监管部门事实上及时指导纠正。

至于如何治标又治本，唯有依赖退市制度动真格，让虚高的股票跌到以分计，让打新资金套牢在破发的新股上。没有退市这把"达摩克利斯之剑"，无论如何是一件说不过去的事情。二级市场必须是股市健康的基石，不如从收了新股"顽主"的超级待遇开始做起。

2. 新股发行加速，"打新"暴利终结

2019 年春节之前大盘持续走弱，尤其一贯不安分的创业板跌到引人注目。这使得"IPO 速度是否过快"成为备受争议的一个重点。有激进观点甚至认为"持续的 IPO 是在'抽血'，令 A 股不堪重负，严重影响了市场信心，恐导致新一轮股市暴跌"。在不少声音质疑 IPO 过快之后，新华社曾撰文为 IPO 正名，表示"IPO 常态化可以助力实体经济，股价最终还看公司质量"。

这里有一个相对小众、专业化的统计可能尚未得到社会广泛关注：二级市场数年持续震荡，普通散户获利自是相当不易，而在机构投资者领衔的股票型、混合型、债券型基金等传统产品线上，也是表现不佳。除却相对小众化的 QDII 基金，即便是这几类基金的冠军也仅获得了近五年最拿不出手的收益率。机构投资尚且如此，遑论中小散户？

与之相对应，资本市场的"老节目"——打新收益率相对之高，就显得比较突兀。动辄 10% 以上的年化收益率，且无亏损之虞，简直可破"收益

与风险相对称"的投资铁律，技术含量就看参与资金量的大小，令价值投资论者默然失语。这说明近些年来，一、二级市场协调发展问题仍未有大的改观，两者之间仍存在严重的脱节和非均衡发展。供求状况严重失衡，一级市场上供给远远小于需求，有巨额资金滞留在一级市场上专门打新股。底仓额度要求越来越高，和对应的中签率总是走先高后低的曲线，就是直接的佐证。但二级市场却是另外一番恍如隔世的光景，供过于求，市场不断扩容，"造血"功能跟不上。而且对二级市场的广大个体投资者而言，股票从涨停板打开的那一日开始，价格走势具有巨大的不确定性，加之部分不法庄家兴风作浪，令整个市场投机风气甚浓、风险巨大。一级市场吃肉，二级市场喝口热汤却难，这直接撼动了股市平稳向上的客观基础。这一偏差的后果是我国股市的融资功能非常突出。虽然一级市场直接投资，未尝不是直接支持实体，但过分强调这一功能不仅使市场更高经济层次上的功能被忽略，而且最终也会影响到市场的融资功能。

相对于二级市场来说，新股发行价格严重偏低，一级市场的市盈率控制在 15 倍以内，而二级市场则动辄三四十倍以上，巨额差价利润的存在诱使大量的资金流向一级市场，保证了上市公司成功融资的需要，但这不仅阻碍了二级市场的发展，使其造血功能不足，而且影响了二级市场价值发现的功能体现。虽然一级市场容量的扩大本身就是股市发展成熟的重要标志，但没有二级市场的同步发展，整个市场的广度和深度、有效性和流动性堪忧，在股票的上市流动中实现资源的优化配置更是一句空话。毕竟，一个股性呆滞、交投清淡的二级市场难以长久支持一级市场的发展。

综上所述，再回忆 2015 年的杠杆牛市，很多专家认为是 A 股供给不足，导致在巨量资金推动下"鸡犬升天"。因而，新股发行加速显然并不是一无是处，甚至可以上升到股市供给侧改革的高度。最直观的感受就是新股的赚钱效应已经开始减弱，新股上市从轻易就二十个乃至三十个涨停，到目前的四五个涨停板就打开。使得新股不败的神话行将就木，新股，尤其是中小板、创业板的新股估值倍数开始回归常识，并对所在板块的影响深远，这显然是一件有利于资本市场长远发展的好事。目前的市场主要是存量资金在博弈，新股发行划走了既定大小蛋糕里面的一块，从这个角度来看，发行节奏过快的确会令市场难以接受。尤其是创业板，给了"壳"不再值钱的预期，稍有风吹草动，不少股票便从高估值的神坛跌落，伤害了一片本寄予厚望的投资者。

不过，二级市场高估值神话的破灭，总归要在某一个时间点出现，这一个时间点难免会使相当多的投资者不快，但总好过将来市场大部分投资者一直不满意。

问题一：新股为何容易"三高"？

IPO 的公司对高市值喜闻乐见，一级市场参与者当然想变现时股价在高位，保荐机构、律师事务所根据发行量收取一定比例的佣金，可见所有人都有把股票发行价往高处推的冲动，而二级市场投资者作为最为弱势的一方，只能被动接受虚高的价格。

问题二：明知新股"三高"，还要不要去炒新？

散户往往认为新股必涨，稳赚不赔。以"博彩"心态参与炒新，想在股价到顶前全身而退。但大量实证数据测算表明，中小投资者是炒新行为中最主要的利益受损方，多被套牢。同时，飞蛾扑火的不全都是傻子，也有人高位接盘意在炒高股价助人套现。那些被成功洗脑后，跟进买入的散户才是最大的输家。

问题三：熊市容易谈新股色变？

熊市本身交投清淡，缺乏新增资金，此时如果新股数量多，存量资金卖旧买新，容易引发其他旧股股价下跌，当然会令人不快。但是显然这不是问题的关键，问题的关键在于一级市场的市盈率偏低，二级市场动辄三四十倍以上，大量资金盘桓一级市场，借新股赚二级市场散户的钱，才是真正的可怕之处。

问题四：打新不败神话将会持续到何时？

之前稳赚不赔的打新收益率的确打脸"收益与风险相对称"的投资铁律，主要技术含量就看钱多钱少，令人失望。不过随着市场的发展与进步，新股打新的赚钱效应已经开始日渐减弱，最直观的感受就是新股上市后涨停板的天数越来越少。随着市场的不断发展，终将会有神话终结的一天。

（五）期货不应是小散的"救命神丹"

1. 大妈也来炒期货

　　期货作为一个相对专业和小众的市场，前两年年中，曾经一度表现出了堪比牛市般的炙热，横跨多个市场、多个品种。市场上"大妈"开期货户的段子开始流传，一时颇有气势，已经引起外部与监管的关注。以 2016 年五月为例，三大期货交易所曾连下 9 道"金牌"，内容包括调整有关品种的手续费标准、保证金水平标准、涨跌停板幅度以及对会员单位的风险提示，涉及热轧卷板、螺纹钢、石油沥青、焦炭、焦煤、铁矿石、玉米、棉花、动力煤等主要交易品种，这一反应速度与决心明显高于股市同期调控，也可见期市风险之高。这些举措收效明显，多品种连续涨停的局面不复出现，但当时市场过度投机的氛围尚未消弭，交易投资活跃，随时有卷土重来之势。

　　上轮期货行情启动的一个重要逻辑已经得到广泛共识——在逐步去库存的过程中，库存堆积存货导致现金进一步受到制约，过剩产能去库存的后期，产品端和原料端同时去库存，一旦需求恢复，供应将会难以及时跟上，导致供需错配。因而商品市场开启疯狂暴涨模式，不少品种接连拉涨，市场多点开花。这点也符合美林证券的投资时钟理论，商品期货是经济处于通胀期或预计进入通胀期的最佳投资品种，国内目前商品相关投资标的也只有这些。

但商品期货市场毕竟不同于股市，定位是风险管理的专业市场，服务实体经济。其中长期走势的真正决定权应该是品种本身的供求关系。走熊数年的大宗商品市场，一旦回春，吸引着四面八方的资金逐"味"而来。但在期货这一轮的上涨中，如果基本面没有得到强力支撑，而仅仅是资金行为、情绪行为，那么很可能"上得快下得也快"。特别一些风控意识不强的投资者进入市场，短时间内可能会获益，而一旦盘面风向发生改变，他们也可能随时被市场淘汰。期市交易的高杠杆效应，大幅赢利或亏损常态化，使得投资者一夜暴富或者一夜返贫再正常不过。另有一些投机者可能会凭借实力和地位的优势来操纵市场，扭曲价格，制造不公平竞争，损害其他投资者的利益。

所以尽管商品市场的热络在一定程度上改善了长期稍显"落寞"的期货公司营收状况。但感觉期货公司自身对一时火热的市场行情也是在欣喜之余满怀担忧。担忧商品市场最终出现"过山车"行情，引发投资者对整个期货市场的偏激言论。

回顾监管层的相关言论可以发现，虽然全球汇率及原油等大宗商品价格剧烈波动，但监管层仍寄希望中国期货市场继续保持总体上的平稳发展势头。几大交易所要进一步完善一线监管机制，抓好风险控制和维护市场"三公"。特别指出期货市场应切实改变"重交易量、轻功能发挥"和"过度投机"的状况，为企业套期保值和风险管理提供更加便捷的服务。显然这才是期货这个高杠杆市场的本意和初衷。买卖期货的人，一部分人想投机获利，另一部分人则想回避价格风险。若都是投机客在对决，显然与期市自身承担风险和转移风险的主要市场系统功能不符。特别在当前以散户为主、机构投资者稀缺的期货市场结构下，结局不难想象。

2. 股指期货单边市场不可承受之重

在被限制近一年半之后，股指期货终于自 2017 年初迎来松绑，中金所将股指期货日内开仓限制逐步适度放开，交易手续费也同步下调。

众所周知，2015 年上证指数曾惊现多段蹦极式的巨幅跳水行情，从疯狂暴涨到断崖暴跌的过程中，A 股频现千股涨停、千股跌停。至 2015 年年中便开始在股指期货市场限制恶意开空仓。"恶意"二字一出，股指期货在这场危机中的角色，便褒贬不一，众说纷纭。

股指期货的首要特点就是 T+0 制度，并且设置了 50 万元的准入门槛，而股票现货交易实行的是 T+1 交易制度，这实质上使得绝大多数中小投资者告别套期保值的可能性，随之在市场突然变向时无法控制风险。当股市下跌时，机构大户可以利用股指期货实现套期保值，甚至成为股市崩盘的最大受益者，而广大中小投资者则处境尴尬，极易受损。

股票现货市场与股票衍生品市场完全不同的交易制度使两个市场的风险控制功能脱节，放大了股指期货市场的投机色彩。加上程序化、高频化、量化投资"止损"（或"止盈"）交易的推波助澜，故在市场出现异动特别是大幅下跌时，容易出现群体性行为。在高杠杆配资的市场结构中，加剧价格下跌、引发市场危机。同时，规则极易被人利用价量垄断操纵来做空，通过现货市场交易价格的急速下跌，在股指期货及相关衍生品交易中谋取巨额利益，并通过融资、配资等杠杆做多资金在快速杀跌行情中的平仓与踩踏，进一步压制与"洗劫"多头。可见，公平制度的安排对股票市场的投资者特别是中小投资者而言是多么重要。

期货业自建立以来，与证券业一样多有发展，积累了较为丰富的监管经验，建立了较为完备的风险防范体系，为期货市场的发展建立了一个相对易于控制和管理的平台。从一定意义上说，这种调整并非没有必要，而本应来得更早一些。监管的滞后以及因为跨市场所造成的监管独立性缺失，会给市场带来隐患。因为金融工具的创新，交易技术升级的两面性无时无刻不在，原来的交易结构也会随之改变，使其进一步游离于传统监管视野之外。整体上看，在 2015 年之前，市场监管的理念没有及时跟上创新的步伐，传统监管手段难以监测到新的风险源。监管的敏感度远远不及风险变化的速度，对市场创新的速度以及这种创新可能带来的新的风险缺乏深度理解。再放眼宏观层面，在市场开始出现严重的泡沫化趋势之前，相关氛围会让人误以为监管部门对上涨的关心甚至远超过对风险的关注，容易让市场误读股票价格的上涨是监管者的重要目标，以至于对一些可能对市场带来重大潜在风险的杠杆工具创新和违规违法行为造成选择性的忽视，这显然不是股指期货区区一个单边市场可以承受的。

那么，在股票市场出现异常波动的情况下，期货市场既有的发展路径很容易受到影响甚至一度中断，这显然受制于各方对期货及衍生品市场的怀疑包括误解。这也有助于我们理解北大教授巴曙松的一个广为人知的观点，那便是与股票债券等金融产品相比，期货及衍生品市场可以说是小众市场，参与主体主要是专业机构和专业投资者，能接触和深入理解期货及衍生品市场的群体相对有限；同时，期货及衍生品市场主要是通过风险管理和价格发现功能对经济发展间接发挥作用，不像股票市场、债券市场等的投融资功能那么直接，在不同新兴市场的决策者的政策"菜单"中，"发展期货及衍生品市场"的排名往往不容易太靠前。

但几乎每一个成熟和有深度的资本市场无不有一个高效发达的期货及衍生品市场与之相匹配，股指期货具有价格发现、套期保值以及投机套利等资产配置功能，尤其核心功能套期保值更是契合发展中国家资本市场的特点，建立并发展一个有效的股指期货市场显然很有必要。在制度设计中，股指期货的设立本就是为了起一定的对冲或校正作用。但在跨市场监管、应对金融工具创新等方面，不仅是新课题也是难题，尚需要不断探索。

问题一：期货的特点有哪些？

期货产品往往是价格波动大、变化频繁的商品。一方面，这些商品供给和需求未知；另一方面，价格起伏波动大。最终导致期货市场的经常性价格波动，引发市场风险。同时期货市场因保证金制度的杠杆效应而具有高操作风险。与现货交易需缴纳足够的资金不同，期货只需在入市时缴纳少量资金作为担保即可。

问题二：建议大众投资者去投资期货吗？

除了资金与投资年限门槛，投资者需具备一定的风险承受能力，对期货有所了解。如果开户时，还在问期货是什么、如何来买卖、会不会买了手里就有现货等类似问题，建议还是远离吧！往往部分经纪人在发展客户的过程中，片面宣传期货的优点，造成投资者的风险意识较为淡薄。这也是期货市场总是容易受到大众误解的原因之一。

问题三：股指期货为什么一度受到"千夫所指"？

股指期货市场的投资者利用了其 T+0 的灵活交易制度和股票市场上 T+1 的滞后效应，以及投资者适当性原则获得巨额的制度性盈利。这种由于制度差异而获取的利益显然有失公允而一度被千夫所指。

问题四：股指期货的好处在哪里？

股指期货具有价格发现、套期保值以及投机套利等资产配置功能，但其核心功能是套期保值，借此"熨平"市场的波动幅度。不过前提是资本市场建立一个统一、开放、透明和公正的游戏规则。

（六）你会碰新三板吗

1. 新三板挥别做市，是在"作死"吗

带着一股婴孩般的躁动，新三板仍是一如既往的"不安生"。从折腾着要转板、叫喊着要降低投资者入市门槛，到在转让方式上纷纷挥别做市，而且时间点的选择还颇具黑色幽默意味——做市商阵营正有望多元化，并拟吸引一批对做市业务感兴趣的私募机构进入新三板以改善流动性。

仔细分析，结果虽有些出人意料，倒也在情理之中。主要原因大致有两个。

其一是为了冲刺 IPO，采用做市转让的新三板企业，个人或机构投资者均可从做市商手中购买股票，成为挂牌企业股东。但根据相关政策，股东人数超过 200 人的企业申请公开发行和上市，需向证监会申请行政许可。此外，证监会还对股东人数超过 200 人的公司合法存续与股权清晰进行审核。因此，做市企业决定进入 IPO 辅导阶段后，为避免造成额外行政审批事项、加大企业 IPO 风险，做市企业更倾向于转回协议转让以控制股权分散程度。

其二是新三板大宗交易平台还未建立，做市商难以在不影响交易价格的情况下实现大额股份转让。考虑到对公司市值的干扰等因素，挂牌企业更

爱协议转让也就不那么奇怪了。

但是，是否有人对做市被弃做出更深刻的思考呢？曾几何时，做市转让曾备受新三板挂牌企业的追捧，是否有做市商肯替自己做市，成为优质企业的身份象征。其时，协议转让转为做市转让普遍被认为是挂牌企业提高交易活跃程度的重要手段，尤其是在 2015 年新三板市场行情火爆之际和分层方案（征求意见稿）公布之后，大量挂牌企业集中选择做市转让。而今风水轮流转，在这样一个近万家公司充斥的平台市场，被普遍认为更接近现代主流交易方式的做市转让，却面临被协议转让"复辟"的局面，显然有必要进行深入研究。

众所周知，估值、融资、流动性是新三板排在前三位的诉求。在前两者相对更容易尘埃落定之时，流动性问题受外部影响较大。我们注意到，在当前新三板成交量整体下行的情况下，做市转让交易萎缩更为严重。绝大多数做市企业无成交，几成一潭死水。加上转板以及大宗股权交易方面的政策也远不及预期，市场流动性低迷、做市交易活跃度过低，令挂牌企业做市热情骤减，做市转让更多地转为协议转让也就不难理解。

国外成熟做市商制度的经验表明，做市商制度的建立和有效运行，首先，需要有一个完善的规则和监管体系，有一套健全而独立自主的报价、托管、清算、结算系统和相互制衡监督的做市商制度体系，从而保证做市商切实履行其对市场的买卖承诺；其次，要有一批自身素质过硬的做市商，必须具备雄厚的资本实力，强大的研究力量，规范的运营与熟练的二级市场运作与较强的库存风险控制管理能力，这是这个制度能够有效运作的重要保证；最后，做市商要有较强的融资与融券能力，尤其是前者，以保证做市所需资金。

逐一对照，现行新三板做市商与上述情形显然还有较大差距，无论券商或是将来的私募做市，其中不乏有抱着能捞一票就好、捞不到就不做的机构，这无疑会令新三板做市质量滑坡。可见，新三板企业目前在多因素作用下挥别做市其实并非"作死"，而是自救。

相比协议转让，做市交易原则上本应存在不少优势。有发现价格、稳定市场、弱化信息不对称之"功效"，何日能够当仁不让地一展宏图，是包括监管层在内的整个新三板市场参与者都需静下心来思考的问题。

2. 新三板 IPO 的小船因何说翻就翻

新三板最重要的投资逻辑已被定向爆破。

"拟申报 IPO 的企业股东中有契约型私募基金、资产管理计划和信托计划的，按照证监会要求，契约型私募基金、资产管理计划和信托计划持有拟上市公司股票必须在申报前清理。应当说，这一新政策与新三板即将正式出台的新三板最终分层方案一道，势必会使得整个新三板的生态发生质变。新三板作为沪深交易所以外的独立市场，且不以活跃交易为目的的 PE 拍卖市场地位确立，这也从侧面揭示了监管层的监管思路与监管方向。

鉴于"三类股东"的特殊性，可能存在层层嵌套和高杠杆，以及股东身份不透明、无法穿透等问题，在 IPO 发行审核过程中，被监管重点关注也在意料之中。

作为最接近沪深交易所上市公司潜质的公司，新三板拟 IPO 企业短时期内将知难而退，IPO 排队新增量将有望大减，部分新三板股票价格的重大波动和换手率大增也将在所难免。因为众所周知，以机构投资者为主体，并无多少散户的新三板二级市场内，流动性始终是一个最关键的问题，退出更是艰难，最为确定的退出途径只有通过申报 IPO 登陆沪深交易所市场退出。现在各路资金通过多种方式携新三板公司冲击 A 股的梦碎，将对新三板市场供求关系造成特别影响。市场生态毋庸置疑地会发生巨变。

　　稍微留意过新三板市场的人，都能感受到近年来这个市场的挂牌公司数量呈现井喷式增长。股转公司最新数据显示，每年股票尤其是通过做市方式转让的股票成交不过千亿。氛围最热时，一度新三板也有借壳风起，连辅导期的几个月都已难忍。泥沙俱下的结果已经显现，新三板市场混杂，各企业规模、盈利能力、财务特征、运营体系差距巨大，流动性也相应差距甚大。即便如此，一些不明就里或别有用心的企业也动辄大呼要转板，令投资者风险大增，也让监管层疑虑丛生，相关制度亟须健全。因而本次分层市场制度的行将出台，不仅仅是市场分化的制度化结果，也是监管层出于对市场各方面利益的考量。分层虽强化、分化，但因为分层是动态调整的，所以内部各层次的互通流转将为未来跨市场转板的实施提供有益探索。内部转板顺了之后再谈跨市场的转板，底气可以更足，也会更有说服力和公信力。

　　市场也普遍认为，新三板作为国家为中小微、特别是创新创业型企业提供融资的新渠道，是连接中小企业与投资者的重要平台，主要为创新型、创业型、成长型中小微企业直接融资服务。大量资金只缘于冲击 IPO 的立场而涌入新三板二级市场，与新三板"扶持实体经济"的战略定位相背离。此外，这些各类掩体下的资金形式也并非没有瑕疵，契约型私募基金没有法人资格，资管计划和信托计划也存在投资者适当性问题和合规问题。这实质上不仅涉及 IPO 监管政策，还涉及新三板将来的发展问题。

　　因而，接下来新三板企业与投资者皆需要直面这些监管新规，重新审视与深思自己的初衷。在上交所战略新兴板实质上已经被无限期搁置的情况下，其实这段时间是一个难得的能够静下心来苦练内功的窗口期。

3. 新三板不是挂牌银行的"融资方舟"

银行在新三板挂牌屡见不鲜，除了齐鲁银行为城商行外，喀什银行、如皋银行、汇通银行为农商行；国民银行、客家银行、鹿城银行为村镇银行。从业绩表现来看，有高有低。至于新三板挂牌企业最为看重的融资功能，齐鲁银行、如皋银行、鹿城银行均在挂牌不久就完成了定增动作，用途基本都是补充银行核心资本。这说明当初苦于主板 IPO 排队的艰辛或者高门槛，一些中小银行所选择的另辟蹊径登陆新三板，回头看还是初具成效。

毋庸讳言，资本市场的首要重要功能就是融资，对于银行而言，补充核心资本充足率也是一切发展的前提。相比在主板上市的银行，新三板挂牌银行的体量还是比较小的，存在很大的发展空间，所以需求相对更旺盛，通过新三板融资，扩大规模增加竞争力就十分必要。不过，结合新三板市场渐趋冷却的现状来看，虽然相对于新三板的其他企业来说，银行规模大、业绩好，但在未来新三板交易规则和交易制度清晰之前，在新三板估值定价、流动性等关键点完善之前，加上银行资金消耗大的行业属性，决定了融资频率和规模相对较高，未来融资也渐非易事。

显然，无论是闯关 A 股，还是绕行新三板，抑或弄潮港股，中小银行目前都应该超越仅注重融资功能这一格局，而更应该重视市场的价值，深耕细作，用好资本市场，做好资本工具创新。以新三板来说，挂牌中小银行更应致力于深耕新三板，实现当初挂牌的战略意图，同时营造出适合自己的生态。仅横向来看，新三板作为资金交易场所，面对的是"创业最后一公里"的草根创业者，从资金提供者到资金需求者，可以将上下游或更深层次地拉长、做透。这个巨大群体对网点偏少、寻觅客户困难的中小银行而言，更具市场价值。

登陆新三板，对中小银行自身而言本就是一场革命，是在原有组织管理体系下的"基因重组"，带动整个经营管理全方位蜕变。新三板确立了以信息披露为核心的监管制度，要求挂牌公司及其信息披露义务人及时、公平地披露所有对公司股票价值可能产生较大影响的信息，并保证信息披露的内容真实、准确、完整，尊重市场选择，最大限度地减少了自由裁量空间。中小银行登陆新三板意味着对这些游戏规则的默认与遵从，意味着对自身的严格剖析与实时纠错，被倒逼规范自身经营、强化内控。

新三板在规范中小银行的同时，促进中小银行适应资本市场，学会在规范的市场环境下持续发展和有效竞争。毫无疑问，这是一个历史性的机遇。登陆新三板、适应新三板的过程，也是中小银行不断重生的过程。过程虽然荆棘密布，但不乏挑战。中小银行作为最接地气，最有"野蛮"生命力的个体，历经市场的洗礼，不乏在残酷的市场竞争中拼搏而出的佼佼者。当前愈发严峻的监管环境与形势，让许多中小银行都深具危机感，特别是对于农商行、村镇银行来说，受到的规制更多。未来的发展状态和竞争状态只能寄希望于自身的改变。不断去改变与创新，才能在瞬息万变的市场中立足，而新三板恰是他们手中可依据的最重要的工具之一。尤其在现行农村金融机构的管理体系下，通过新三板对股权层面的优化，保留了用市场力量来推动银行治理机制的优化的可能。

可见，新三板并非仅是挂牌银行的"融资方舟"，提升的是其整个格局。从这个角度去看，除了融资，挂牌银行要做的事情还有很多。

问题一：何为做市？

所谓做市，一般指券商等做市机构持有某种证券的存货，并以此承诺维持这些证券的买卖双向交易的制度。在此交易方式中，做市机构通常先垫入一笔资金以保证某些证券有足够的库存，然后再挂出牌价，用自己的资金从投资者手中买入证券，再以略高的价格出售给想买这些证券的投资者，从中赚取差价。做市机构像流通环节中的商品批发商一样，以这种用自己的资金为卖而买、为买而卖的方式连接证券买卖双方，组织市场活动，主要由报价来驱动，为有价证券创造出转手交易的市场。

问题二：为什么又不接受做市商了？

这主要还是因为新三板企业对现有做市商的表现不满意，加上得为冲刺IPO留一条后路，股东人数超过200人的公司合法存续与股权清晰度上可能会存在一些麻烦。做市效果本来就不如预期，不如退出来自己干。

问题三：新三板IPO新规主要指什么？

拟申报IPO的企业股东中有契约型私募基金、资产管理计划和信托计划的，俗称"三类股东"，会被监管特别关注。因而，契约型私募基金、资产管理计划和信托计划持有拟上市公司股票一般会选择在申报前主动清理。各路资金通过多种方式携新三板公司冲击A股遭遇失败，将对新三板市场供求关系造成较大影响。

问题四：为什么说新规出台未尝不是一件好事？

各路资本大鳄利用各类掩体实现IPO后退出的路被堵后，对新三板公司也并非一件坏事，少了这些急火攻心、吃相难看的短线"小主"，企业反而可以沉下心来在新三板的创新层淬炼，为将来的转板机制预期背书。

问题五：既"贵"为银行，为何要选新三板上市？

尽管哪怕只是农商行，相对于新三板的其他企业来说，也很可能在规模与业绩方面具有优势，但仍然会对主板IPO排队的艰辛或者高门槛望而生畏，因而一些中小银行所选择的另辟蹊径登陆新三板，回头看来还是初具成效的。

问题六：对于新三板企业而言，什么比融资还重要？

登陆新三板，对中小银行自身而言本就是一场革命，是在原有组织管理体系下的"基因重组"，是对资本市场游戏规则的默认与遵从，带动整个经营管理全方位蜕变。光强制信息披露这一项就可以倒逼银行规范自身经营、强化内控，意味着对自身的严格剖析与实时纠错，这比短时间圈一笔钱重要得多。

（七）比较出来的经典

1. "野蛮人"的矛与上市公司的盾

先有"宝万之争"，后有阳光保险举牌伊利股份，一度引发市场关注。对此类险资"野蛮人"的定性众说纷纭，倒逼我们对可能接近常态化的险资举牌行为定性。

从被举牌的上市公司角度去看，大多数业绩优良、管理层或者排序第一的股东往往怡然自得，甚至恃才傲物，直到门口站着个"野蛮人"。卧榻之侧自然难容他人酣睡，但被"野蛮人"盯上的上市公司往往有着股权分散等短板，本能的恐惧与慌乱之下，往往昏招儿频出。

从举牌险资角度去看，最直观的原因，就是按照现行会计核算准则，持股比例达到 5% 且派驻董事时，保险公司股票投资的记账方式可由公允价值法转为权益法，可以避免公司业绩与偿付能力的大幅波动，减轻资本压力，同时提升市场知名度。深层次的原因在于近年来保险公司规模保费虽呈现高速增长之势，但受宏观经济下行、央行连续降息降准等因素影响，在资产荒、利率下行和固定收益类产品收益下降的情形下，配置优质基础资产，获取长期稳定回报越来越难。保险公司不得不通过提高权益投资的占比，尤其是部分具备高股息率的上市公司，以提高其投资收益率。

"野蛮人"虽然野，但不傻。不确定性很强的垃圾股不见有人举牌，险资举牌的上市公司中大部分是蓝筹股。这些上市公司具有较好的透明度，股权具有很强的流动性、安全性并且收益性高，不管是例行分红还是股票价格的上涨，都是美事。

因而，无论前海人寿还是阳光保险，无论万科还是伊利，围绕举牌这一行为，无关道德，走的是商战这条纯粹的主线。监管层表态没有违反相关监管规定，压力测试的结果表明风险可控的前提下，可以回归矛盾主线，这个矛盾指的是"野蛮人"的矛与上市公司的盾。险资资金丰裕，矛头锋利，必将有更大比例投向上市公司股权，配置优质基础资产，举牌上市公司也将更加常态化。大家对于保险公司举牌上市公司股票要客观看待。一方面，加大股权投资是今后一段时间内国家发展直接融资、支持资本市场发展、降低宏观经济杠杆的大方向；另一方面，要对少数公司举牌行为可能引发的风险保持警惕，防止投资激进所带来的流动性和期限错配等潜在风险。保监会将持续关注和监测险资的举牌行为，强化监管措施，加强风险预警和管控，确保在规则允许和法律法规的框架下进行操作。市场对于险资借杠杆收购上市公司股权的关注，可以举牌，但是杠杆的使用必须合法、合规，一味激进，最后可能谁也收不了场。后期保监会与证监会的监管协调也必将逐步进入各类资金混合后产生的监管真空。毕竟保险行业经不起折腾，保险公司自己出险也对社会交代不过去，其信用不仅是金融业信用基础的重要基石之一，也是整个社会的信用基础。

被"野蛮人"盯上的上市公司若觉不适，认为险资举牌与公司治理之间必生矛盾，铸块好"盾"的第一步可能要先请一个好律师，不能出现改个章程居然和法律相抵触的尴尬境地。其后的主要精力应该不在于抢占道德制高点，而是就事论事，在商言商，甚至最后的讨价还价。其间若能从相关法律法规层面找出"野蛮人"的漏洞，或者独立董事里面有一两个如华生一般的真性情而又言之有物的人物，让"野蛮人"知难而退也并不让人意外。

2. 孰优孰劣：强制员工集资与员工持股计划

有媒体报道，港股上市的某光伏行业龙头企业，要求员工购买其自身非公开定向发行的理财产品，最低认购起步 20 万元，总额 6 亿元，自称年化回报率预期 10%。据内部人士透露，如果员工认购完成率低于 50%，可能面临辞退；高于 50% 但不能 100% 完成，可能被降薪。正值公司年中考核评定期，给员工带来的压力可想而知。

与企业员工可以通过购买股票而拥有部分企业产权，并获得相应管理权或表决权的员工持股计划不同，该集团公司这一自称年化回报率预期 10% 的理财产品，只能算是内部集资。抛开这一集资行为是否违规甚至违法的嫌疑不论，正常年份下也许可以借此达到回馈员工、管理人才、激励员工努力工作的目的（仅为福利待遇层面，非参与公司管理），但过气行业面临寒冬凛冽，项目收益率如何保证在预期收益率之上？到期未达标是否继续如法炮制？均令人生疑。

而员工持股计划，或在逆市中回购或者增持本公司股票，则完全不同，更加自信也更加柔和、更有弹性，即便是港股，流动性也更强，直接向市场传递了公司价值低估的信息，毕竟上市公司及管理层对公司信息的了解和掌握胜过任何投资者。如果上市公司从上到下，肯花真金白银增持或者回购股份，足以显示其对公司未来和行业未来的信心。所谓"内部集资"，所谓"非公开理财产品"，员工的投资很可能打水漂；而员工持股计划则可能享有投资收益和全面参与公司发展与治理，高下立判。

也有人认为企业此举可能是由于成本太高不想从银行等机构融资，而向员工借钱利率应该要远低于融资成本。恰恰相反，近年来在降杠杆宏观大势下，银行贷款以及表外融资持续收紧，企业资金缺口愈发难以弥补，流动性趋于紧张。债券违约增多，公司债、企业债等各类直接融资工具不再好用。同时投资者对风险溢价要求提高，带动债券利率抬升，导致实体企业融资成本上涨，部分企业"借新还旧"梦碎，部分行业内部正在加速出清。伴随着信用大环境的这一变化，一些债券发行失败，且融资成本不断提高。局部信用风险正加快释放，债券市场可能会进入一个违约高峰期。在这样的大环境下，民营光伏行业的融资难度可想而知，加上自身港股停牌，资本市场也难有动作，迫于无奈，该集团公司只能朝内部员工伸手，也就不难理解。

3. 所谓世界杯魔咒，多为"心魔"

有研究表明，每当举办世界杯等大型体育赛事期间，全球股票市场都基本上处于下跌趋势，日收益率为负。虽然世界杯的举办会促进相关产业，如啤酒、互联网传媒等板块股价的上升。但从整体上看，从举办国到举办地，投资者注意力很大程度上有所分散。投资者的情绪也随着赛事的临近到结束出现较大幅度的波动，这些群体性的心理活动便导致股市出现"赛事魔咒"效应。世界杯赛事吸引了众多投资者的注意力，加上国际市场上赌球、博彩等行为分散投资者总量有限的投资资金，从而导致股市出现阶段性低迷。

据数据记录，在 14 次世界杯期间，全球股市共有 11 次下跌，下跌概率近八成。也就是说，世界杯虽然是球迷狂欢的节日，但往往是全球资本市场瑟瑟发抖之日，A 股也不例外。其中，1998 年法国世界杯举办前后，上证指数从 1422 点下跌至 1360 点，跌幅为 4.36%。2002 年韩日世界杯期间，上证指数虽然经历从 1515 点跌到 1455 点，再重新站上 1700 点短暂的"跌—涨"变化，但是在世界杯开幕后，中国股市仍未能摆脱"世界杯魔咒"，股市继续下跌。2006 年正值中国股市的牛年，但德国世界杯期间中国股市开始从 1695 点一度下跌到 1512 点，是巧合还是"魔咒"？ 2010 年南非世界杯亦是如此，从赛事开始时的 2569 点一路下跌到 2363 点。2014 年巴西世界杯，我国股市在开赛后经历一个小幅的下跌，从 2045 点跌到最低点 2026，虽在赛事结束后的第一天出现了上涨，但接着又开始下跌。

基于经济人"完全理性"的假设，市场信息应该能够反映证券价格，在市场有效的前提下，股票价格能够反映包括历史信息、公开信息以及内幕信息在内的所有信息。市场投资者无法利用市场信息获得超额收益。但现实情况与这一假定相悖，投资者心理波动以及情绪好坏会导致不同的行为选择，说明投资者的行为是"有限理性"的。股票市场存在"赛事魔咒"等各种经济异象，也引发了不少研究者的兴趣。

有效市场假说的确为市场效率研究提供了理论基础，但是，现实中影响证券价格的因素可谓不胜枚举：经济因素、市场因素、公司因素、心理因素等。这些隐性因素的存在，是股票市场产生难以解释的经济异象的土壤，也是产生超额亏损或者收益的源泉所在。"世界杯魔咒"可谓典型之一，最主要的解释在于，在大型体育赛事举办期间，特别是世界杯和夏季奥运会，赛事极具影响力和观赏性，完全吸引了资本市场上投资者的注意力，从而造成股市成交量萎靡，股价下跌。而对于 A 股股民来说，还存在地理位置导致的时间差问题，世界杯多为夜间观赛，无形中会增加第二天交易的疲劳感。这种作息颠倒的疲劳效应会使投资者怠于投资管理，不对称地放大股市交易风险。

这一解释符合行为金融学的理解，大型体育赛事举办时，股市因投资者注意力转移、情绪波动以及集体性行为失常容易导致经济异象。纵观历届世界杯赛事前后的全球股票市场表现都不佳，这种现象已被人们接受，并逐步形成一种心理暗示。发生期间投资者注意力转移和投资情绪变化，可能会造成集体性的行为失常，导致股价本该上涨却下降。上证综指在世界杯期间，收益率呈现出先下降后上升再下降的趋势，也就可以理解为由投资者注意力转移、情绪波动、集体性行为失常所导致。

既然"赛事魔咒"效应在现实中客观存在，有限理性的投资者行为和心理因素等群体心理活动，导致股价并不依据股票内在价值。那么，缺乏经验的投资者可能难以把控投资情绪，从而影响决策产生亏损。而一些"聪明"的投资者理论上来说，可以根据已有的历史趋势进行预测，从而在赛事再次到来时，调整投资策略，布局啤酒、食品、饮料、互联网传媒等传统利好板块，利用金融衍生工具来规避风险，从中获取超额利润。但针对"世界杯魔咒"，结合"五（月）穷六（月）绝七（月）翻身"的"规律"，也有建议股民干脆放弃参与这一行情，或者根据过往经验，选冠军而非"悲情"的亚军、季军所在国的股市提前埋伏，不过这样的猜球水准，显然已经与在 A 股投资夺冠难度有一拼。建议投资者基于自身的风险承受能力与资金实力，决定是参与还是远离世界杯期间的股市。

有意思的是，对比虚拟变量的系数，发现世界杯对上证综指的冲击作用更为显著。这可能与 A 股的投资者当前还是散户居多有关，"羊群效应"容易放大，而机构投资者在散户喜好与趋同性的"裹挟"之下，往往也只能选择不立于危墙之下。不过所谓魔咒，多为"心魔"，我们更倾向于从基本面角度解读诸多"魔咒"。虽然股票价格指数的变化既可能是由基本面因素变化引起的，也可能是由投资风格漂移和羊群效应等市场情绪因素引起的。但显然基本面因素对股票指数变化的影响更大且更为持久。只有当基本面乏善可陈，股票指数脱离实体经济，市场走势才更多地取决于投资者情绪等基本面之外的其他因素，这从另一个侧面说明"魔咒"也并不是万能的，同样会受到基本面、市场情绪等多方面因素的制约，只不过各自角力，此消彼长。

众所周知，A股的基本面正在悄然的"质变"当中。将来辅以机构投资者对自身管理能力足够自信，针对散户的投资者教育与风险教育足够充分，便可能是以上诸多"心魔"不攻自破之时。

问题一：保险资金一般有哪些投资原则？

保险资金运用必须依规审慎稳健，服务主业，有三个原则：

原则一，投资标的应当以固定收益类产品为主、股权等非固定收益类产品为辅；

原则二，股权投资应当以财务投资为主、战略投资为辅；

原则三，少量的战略投资应当以参股为主。

在这一前提下，在商言商。

问题二：何为员工持股？

企业员工可以通过购买股票而拥有部分企业产权，并获得相应管理权或表决权。员工持股计划还多用于逆市中回购或者增持本公司股票，可以直接向市场传递公司价值低估的信息，毕竟上市公司及管理层对公司信息的了解和掌握胜过任何投资者。

问题三：内部集资与"非公开理财产品"有什么区别？

"内部集资""非公开理财产品"，均与员工持股计划不同，前者可能享有投资收益，外加全面参与公司发展与治理。后者承诺收益率或者"保本保息"，有非法集资之嫌，不买可能被开除，但买了很可能投资打水漂加失业，真让人叫苦连连。

问题四：何为赛事魔咒？"魔咒"出现有哪些原因？

"赛事魔咒"效应，即大型体育赛事前后，包括 A 股在内的全球主要股市，容易出现不同程度的下跌，属于大型体育赛事导致的大范围的集体性行为失常。通过对比虚拟变量的系数也说明世界杯对上证综指的冲击作用更为显著。

有悖于传统经济学"完全理性"的假定，投资者心理波动以及情绪好坏会导致不同的行为选择，所以投资者的行为是有限理性的。不过不用太担心，魔咒也并不是万能的，同样会受到基本面、市场情绪等多方面因素的制约。

第三章

金融科技有多高端？
其实就在你身边

（一）无现金时代到来

1. 你还在纠结忘带钱包

"如你急需用钱，请自取，每人最多 5 元"，几个大城市街头曾出现过这样的实验场景，许多盛满了硬币的箱子被摆在了地铁站与公交车站等人流密集之地，而这些地点往往是人们容易发现自己没带零钱的地点。经过几天的测试之后，实验结果有些出乎意料，各地硬币箱中的硬币非但没少，反而增多了，不断有人拿出自己的零钱丢进硬币箱来帮助其他人。许多人心存善念，按需自取的同时，把更多的便利留给更需要的人；或者受了帮助的人，更有动机来帮助其他人。从金融领域的视角来观察，街头的这一箱硬币显然更具深意。

街头的自取硬币属于救济手段的一种，即便我们身处相对成熟的无现金社会，仍然会存在难以避免的死角。这种体会在上海的不少地铁站也出现过，部分地铁站在设置了自动充值机器之后，就不再提供人工售票及充值窗口，让不少既无支付宝又不懂银行卡支付的客户难以进行充值，在乘客的反馈下，这些地铁站最终还是保留了若干人工充值窗口。

这说明一个各种支付手段都存在的时代，同样是一个过渡的时代，虽然支付手段多种多样，但是身处不同领域与背景的客户，在确认支付安全的前提下，天然会选择对自己而言最便捷的支付方式，这里面有潮流所向，有大势所趋。简而言之，简单便捷是移动互联网出现之后，金融服务创新应该追求的目标。金融服务创新中的概念创新、界面创新、组织创新以及技术创新的各项创新，无论自身多么错综复杂，其最终目的应该是让客户的操作更加简洁。这背后实质上是商家究竟有没有把客户的感受与体验摆在事关自己生死存亡的高度。正是因为重视客户的感受与体验，推出了信用担保、快捷支付等功能，支付宝才得以迅速发展，而余额宝也是在重视客户感受与体验的前提下，开启了普惠金融大潮。

变革已经开始，从钱的流动路径发生的改变中不难发现，更多的支出都与支付宝或微信这样的平台发生关联。与此同时，公共服务机构做好救济手段的提供与备选就显得比较迫切。毕竟，无现金不是拒绝现金，扫码也不是不要钱，绕不开的还是一个钱字。

2. 无现金社会持续发展

当前，无现金社会仍在持续发展中，多种支付方式并存，无论商家还是客户，在使用无现金支付方式时都会有一段时间的适应期。而其一旦体会到其中的便利，在确认收、付安全的前提下，天然会选择对自己而言最便捷的支付方式，这是潮流所向，更是大势所趋。无现金支付包括概念、界面、组织以及技术创新在内的各项金融服务创新，让商家操作省心，让客户购物更加便利。无现金支付也是商家依靠支付宝、微信支付等无现金桥梁把客户的感受与体验，摆在事关自己生死存亡高度的一种努力。但与此同时，鉴于诸如地铁站取消人工售票窗口造成部分客户充值不便的前车之鉴，公共服务机构做好救济手段的提供与备选也是十分有必要的。

不同年代，不同环境下消费者对信任的感知不同。即使相同时空环境下，由于被信任对象（如产品、服务等）不同，消费者的信任行为也有可能存在很大差别。时至今日，面对移动商务环境，针对移动支付这个具体的产品和服务，消费者对服务商的信任维度划分显然有别于传统行业和电子商务领域。我们见证了最近十年间，支付宝从一个工具变成一个应用，再从一个应用变成一个支付平台，也见证了近几年支付宝和微信在移动支付领域的贴身热搏，从效果上说，是这些支付平台共同完成了"市场教育"的工作。

而这些平台也同步经历了一个演进的过程，从一开始热衷精心设计出来消费场景，逐渐发现其本质只不过是"造出来的用于广告宣传的场景"，而并非一个普通用户真正日常生活里自发产生的高频消费场景。因此，这些平台又回归到了自然化、常态化的正途，基于自身的逻辑发展，力图贯穿到用户的各种真实生活场景中，如生活消费、金融理财、沟通等多个领域，成为以每个用户为中心的场景平台和生活方式平台。

与现金、刷卡支付相比，无现金支付的意义还在于进一步实现了金融的场景化——在用户的生活场景中，融入支付和其他金融服务，以达到建立真实人际关系连接的目的。这可能是支付平台与商家的长远目标，支付宝等支付平台可以借力芝麻信用等环节，彻底打通线上和线下的用户数据，让平台上数亿用户画像更加清晰，同时利用这些数据反哺商家，做到业务数据化及数据业务化，并帮助商家打造更精准的会员系统。而这一切的前提仍然是让客户得到更为妥帖的服务。

问题：无现金支付的"急先锋"是谁？

目前，支付宝与微信支付占据国内绝大多数的无现金支付渠道份额，这些平台主要是抓住了用户真正日常生活里自发产生的高频消费场景，这比设计出来的消费场景更为可靠。京东支付、翼支付等后起之秀也在攻城拔寨，彼此之间的竞争日趋激烈。

（二）金融科技妙用

1. 信用等于押金

　　某共享单车出现经营危机，导致用户的押金难以被退回。本来被用于防止用户"失信"收取的费用，现在因为商家的"失信"而成为用户难以追回的损失。不过部分用户因为使用的是芝麻信用免押，因此不存在这方面的困扰。对于用户而言，一旦押金被"吞"，单个客户因法律维权成本太高，实质上只能束手无策，这里还没有考虑用户的精力牵扯。从这个角度去看，免押金的确是对信用得分达到一定层级的用户最大的惠及与保护。

　　事实上，真正有操守、有抱负的企业不会在押金上打主意。在信用意识得到整个社会前所未有之关注、政府官方信用评价体系逐步健全、芝麻信用等市场化第三方独立信用评价平台日渐强大的今日，企业因押金的小而失全局的大可谓显失远见。所以我们可以观察到一些行业在经过前期的野蛮生长后，正在逐渐进入精细化运营阶段，不少领头羊正在尝试摆脱押金依赖症，借助芝麻信用等恢复到正常、健康的经营模式之下。同时并不难发现，在免除押金后，这些企业经营状况并未变差，往往因为客户量激增反而更好，进入更高阶的良性循环。所以一些共享单车公司相继开始对新用户免除押金。毕竟押金虽然对商家有利，但是把风险留给了消费者。所以客户天然更欢迎这一不需占用自己"真金白银"的模式，有信用的客户也天然会选择给予自己"授信"的商家。

不论租房、租车、住酒店，不论共享还是租赁经济，押金对应的是含有隐患的、落后的经营模式。用信用来取代押金对用户、商家皆为有利，共享经济也因此打开了想象空间。对于信用城市的建设而言，免押金自然是标配，信用免押金必然会迎来一次信用红利。当然，并非之前的商家与客户未曾想到过这一层，只是此前未有芝麻信用等外部信用评价平台可以借力。

在信用免押方面，芝麻信用开了个好头，希望未来能有更多的，尤其是有影响力的平台可以跟进。

2. 人脸识别，化繁为简

许多人都十分看好互联网尤其是移动互联网与金融两者间的融合应用，随着科技的发展，两者的结合也产生了更多的可能。例如在深圳，离退休老人足不出户就可以通过支付宝的"芝麻认证"来进行社保场景的"刷脸"，即通过人脸识别来完成认证，线上认证为老人提供了诸多便利。

诸如人脸生物识别虽然属于科技前沿，但在金融等领域推广起来并无技术障碍，毕竟我们已有支付宝、微信这类成熟的场景供应商。只是在用户需求的发轫下，科技与金融这两方面究竟能否真正融合，还需相关各方的共同努力。

进一步说，无论是科技金融还是金融科技，两方背后都有着各自的逻辑。科学技术被企业家转化为商业活动，是一种金融资本有机构成提高的过程，是通过科学技术的配置获取高回报的过程。从根本上是要考虑各方利益，实现各方共赢。同样，科技与金融作为经济发展的两大引擎，在欧美等发达国家和地区积累了大量科技金融的运作经验，各国政府依据各自国情，依托自身优势，建立了各具特色、层次分明、行之有效的科技金融结合机制，对我们推进科技金融发展具有较大的借鉴意义。

具体到政务领域，非银行类金融机构可以通过与政府合作或接受政府委托的方式，为人们提供科技金融服务。这一模式的完善有利于充分运用财政、金融等手段支持科技创新和实体经济发展。科技产业与金融产业的融合还会促进科技开发、成果转化和高新技术发展。但科技金融是制度化的活动，需要制度创新的支持，这显然需要监管层的设计，需要以政府引导、多方参与、市场运作为导向，来带动金融制度、金融政策、金融工具、金融服务的系统性、创新性安排，尽早提供行之有效的组织体系、市场体系、扶持体系和服务体系。

见微知著，类似深圳社保审核可"刷脸"这类业务创新及其发展方向，蕴含着改善科技金融生态的重要思路，对政府优化科技金融政策富有启迪意义。

问题一：刷脸这种科技工具的最重要之处在哪里？

"刷脸"这种科技可以优化办事流程，为用户和工作人员双方提供便利。虽然属于科技前沿，但目前已经在金融领域广泛推广。毕竟我们已有支付宝、微信这类成熟的场景技术供应商。

问题二：刷脸还能应用到哪里去？

政务领域的办事柜台显然最需要刷脸这一模式逐步完善，如刷脸缴税、刷脸核验社保等，方便百姓办事。其他民生领域，如刷脸出行（高铁、飞机），刷脸支付，刷脸看病等，均可引入该技术。目前支付宝、银行等平台已通过与政府合作或接受政府委托的方式，在提供相关科技服务。

（三）出来看独角兽

1. 当 AI 独角兽"度小满"闯入金融"瓷器店"

随着智能获客、大数据风控、身份识别、智能投顾、智能客服、金融云、区块链等覆盖金融业务全流程的 AI 方案的提出与落地，科技与金融的黏合也越来越没有技术障碍。AI 技术已成为一些金融机构，尤其是民营金融机构的核心竞争力，有望成为未来竞争中决胜的关键。

百度金融分拆事宜尘埃落定后，新公司携 AI 登场，启用全新品牌"度小满"，实现独立运营。这是既蚂蚁金服从阿里分拆，京东金融独立于京东之后，又一家进行金融业务分拆的公司。与蚂蚁金服和京东金融不断强调自己是科技公司而弱化自身金融属性相似，度小满对外自称的定位是金融科技公司，发挥百度的 AI 优势和技术实力，用科技提供金融服务。百度亦自称其并不会谋求全金融牌照，只求一块"试验田"来验证金融科技能力。但是行胜于言，百度金融早已涉足支付、消费信贷、企业贷款、理财、资产管理、征信、银行、保险、交易所等领域，并已经拿到银行、第三方支付、小额贷款三款牌照。与百度做好"隔离"，单独拆分后的度小满在继续"收集"金融牌照方面，无疑更具便利性，且有助于适应趋严的监管与防止不必要的政策风险。

阿里与京东的优势在于海量用户支付、交易及信用数据，腾讯则凭借微信这一"大杀器"，掌握着社交关系数据。百度以搜索起家，基于搜索行为的需求数据是其立身之本。几大公司利用用户、流量、数据和技术等方面的资源优势，借 AI 等技术进行整合，做金融科技的提供方与金融机构的服务商，为金融业务和实体经济赋能，同时建构自己的护城墙，这些公司在上市后，综合性的金融科技集团前景可期。

从技术态层面或社会态层面角度去观察，将来我们无疑会越来越依靠 AI，一个更高效的社会和经济系统也不可能拒绝 AI。但在敬畏 AI 的未来发展潜力的同时，我们也不应过度夸大 AI 的能力。AI 风险在当前已经成为一种现实，并在过往得到验证。如 2010 年 5 月 6 日纽约股市被"高频交易员"这一 AI 股票出售程序迅速拖至崩溃，又如 2013 年 8 月 16 日 A 股的"光大乌龙指"事件。当我们生活的各个方面均被纳入 AI 系统之中时，期望通过"拔插头"的方式来控制 AI 风险的扩散已经变得毫无意义。虽然有观点认为推动人类文明进程，有且仅有两股力量：一是科学技术；二是科学技术的大规模应用。但大多数技术不可能在诞生之初就受到普遍认可，发展总会经历一些曲折反复，随后在接近成熟时则被蜂拥而至的资本和舆论推动加快进程。当前的 AI 发展就正处于这样的进程，它把沟通链条缩短到极限，使得金融服务完全可以直接面对终端用户，公众的视野中这是一个高度文明、新兴且充满想象力的领域。各方对此应抱有长期磨合的耐心与心理准备，毕竟这是大势所趋。

2. 金融科技前景可期

大多数技术不可能在诞生之初就受到普遍认可，发展总会经历一些曲折反复，随后在接近成熟时则被蜂拥而至的资本和舆论推动加快进程。回忆当初，大多人当初面对支付宝或者微信支付，都是一种将信将疑的态度，直至现在无须钱包，带了手机就可以放心出门。但迄今仍有不少国人因为不了解，选择不用支付宝；因为疑虑，微信支付不敢绑银行卡。放眼全球，支付宝与微信支付的"出海"，也正处于进程高速化的前夜。蚂蚁金服已经开发了多个版本的支付宝，覆盖印度、韩国、巴基斯坦、孟加拉国、泰国、菲律宾、印度尼西亚、马来西亚等国家。而国际投资集团（美国银湖投资、新加坡淡马锡、泛大西洋资本集团等全球顶尖资本）对蚂蚁金服的投资，除了对阿里、天猫全球化战略的认同，也正是基于对科技金融势不可逆的感知。当然，还有对中国经济发展前景的期待与笃定。

金融作为和科技密切相关的一种业态，有着自身的生命力。但这一生命力立足于科技的应用，没有科技支撑，金融发展难免磕磕绊绊，或者被客户体验束缚。科技植入金融体系后，金融的业态和特点包括风险都会随之发生演变。几大公司金融业务起家都依赖其集团的资源，如品牌、客户、数据和人才等，借移动支付、小额理财、小额借贷、个人征信等跑道开始拓展与调适。背靠海量的用户、支付、流量、消费数据和技术等方面的资源优势，做金融科技的提供方与金融机构的服务商，为金融业务和实体经济赋能，今后还将借 AI 等技术进行整合，同时建构自己的护城河。

科技与金融作为经济发展的两大引擎，在欧美等发达国家积累了大量金融科技的运作经验，各国政府依据各自国情，依托自身优势，建立了各具特色、层次分明、行之有效的金融科技结合机制，对我们当前的科技金融发展具有较大的借鉴意义。金融科技的背后有着自身的逻辑。科学技术被企业家转化为商业活动，是一种金融资本有机构成提高的过程，是通过科学技术的配置获取高回报的过程。一开始可能是对客户的让利导流，但根本上还是要考虑各方利益，实现各方共赢。尤其具体到公共事务领域，非银行类金融机构通过与政府职能部门、事业单位合作或接受委托的方式，提供金融科技服务，这非但有利于充分运用财政、金融等手段支持科技创新和实体经济发展，也有利于传统"强势"部门克服傲慢，有渠道展现出更多的社会责任感与对民生的"体恤"，实乃民众福音。

我们应站在金融与科技结合的角度、站在金融未来发展趋势的角度，去观察当前金融领域的一系列问题，这样才能看得清楚。如果仍从过去的角度、用过去的标准去看待不断变化的现代金融，我们就容易误判与贻误时机。客观来说，作为当前中国的互联网电商客户，我们属于幸运的一代。我们见证了支付宝从一个工具型应用演变成为一个支付平台，再从一个平台演变为一种现象级金融科技业态，我们也见证了近几年支付宝和微信，以及一些新生代在移动支付等领域的"贴身肉搏"，从效果上说，是这些金融科技平台共同完成了市场教育、投资者教育的工作。而这些"独角兽"公司自身，也同步经历过了一个不断进化的过程，从人为创设情景，到回归自然，切入用户真正日常生活里自发产生的，常态化的各种真实生活场景。如支付、消费、金融理财、沟通等多个领域，真正成为以每个用户为中心的场景平台和生活方式平台，其发展前景可期，也会为人们带来更多的便利。

问题一：AI 究竟有多厉害？

AI 技术已成为一些金融机构，尤其是民营金融机构的核心竞争力，有望成为未来竞争中决胜的关键。智能获客、大数据风控、身份识别、智能投顾、智能客服、金融云、区块链等覆盖金融业务全流程均可以通过 AI 来实现科技与金融的融合应用。但 AI 仍处于不断发展之中，还有很大的发展空间。

问题二：金融科技领域现有哪些可以称得上独角兽的平台？

无论是新兴的 ATM（阿里、腾讯、蚂蚁），还是传统的 BAT（百度、阿里、腾讯），均已经在金融科技领域布局，这些大型"独角兽"不远处，京东、小米、美团、携程、途牛等大大小小的互联网细分领域平台纷纷跟进。

问题三：这些独角兽含金量几何？

除极个别头部平台之外，大部分平台仍处在不断进化的过程之中，其尚需彻底厘清思路与模式，从人为创设情景，到回归自然，切入用户真正日常生活里自发产生的常态化的各种生活场景。这些平台需要将自己转变成为以用户为中心的场景平台和生活方式平台，而不是靠"虚胖"的业务板块来调高估值，只有这样其才会有更好的盈利与发展前景。

（四）别着急怼大数据

1. 大数据让人头大

"腾讯天天推荐可能认识的朋友，那么多共同好友我俩还为啥不是好友？你心里没点数？"对此段子，腾讯也许真的不一定有数，但我们对于无所不在的大数据愈发有数。许多人也会有信息泄露的担忧。毕竟基于互联网和各类平台，支付宝、京东、美团等对于我们的某些生活、购物或者支付习惯，所掌握的数据要比我们的记忆更为翔实。一旦出于某种私利，这些平台可能会被别有用心的商家派生一些灰色地带的用途，理所应当为大众所警惕。

大数据作为一个技术"爆款"，对于商业机构的好处已经不言自明，但其同时也是一个政府施政的热点，对于公共治理意义重大，可以促使公共管理结构从封闭转向开放。如同汽车传感数据用于司机行为评价推动了汽车保险业的深刻变革，个人在其职业活动与生活中形成的各种数据同样是公共管理数据的重要来源。用共享概念去理解，众多领域的数据共享是大数据时代的天然特征，当然，也是隐私失控与数据"各自为政"的隐患所在。好在技术的使用者是受到人性控制的，技术虽然不具有道德规制的属性，但人性完全可以通过道德与法律来进行制约。这一方面，不妨参考成熟国度的历来做法。这些国家对于隐私的保护力度极大，但依然关注与数据有关的隐私问题，并发展出基于大数据特点的国际范围的隐私保护策略，如安全港协议与"隐私偏好平台计划"（P3P）等技术保护策略。

管理学早有论断，组织与用户往往从自身的利益出发，以追求利益最大化为目标实施行动。这往往可能侵害到其他利益相关者的利益，其中关乎用户的利益就很可能涉及用户隐私。进一步说，各利益相关者的利益多样性导致的伦理失衡，是大数据负面问题的深层根源。基于对这一根源的理解，承认和尊重人们对未知的恐惧，明确告知用户哪些数据被搜集和使用，可能被使用的范围，数据用途的价值倾向，以及需要承担的风险，这显然更符合与道德决策相关的自主原则、知情同意原则。将选择权回归用户也有助于在大数据的应用中减少弊端。在可行性选择上，涉及个人数据的具体操作中，可以以公告或邮件的形式通知用户，同时保留用户拒绝的权力或是要求匿名的权力，并保证使用数据时语境的完整性，不做曲解、不做遮盖。

虽然数据作为一个整体通过技术进行分析才有用，单个隐私信息对大数据分析而言没有价值，但当某些平台或机构行为侵犯到用户隐私的时候，用户应当具有维权意识。虽然这一点上目前用户还是相对弱势与被动，但大数据时代调整自己的隐私观，使观念与时代相适应，并不断寻求更能保护自身隐私的行为方式，显然是大势所趋。

在将来，数据很可能与水、电一样成为基础的能源。与其将时间浪费在争论大数据的"出身"中，闻数据色变，为数据"垄断"恐慌，不如多从法律角度聚焦大数据获取的合法合规性与创新外延，做到客户隐私、公众利益和整合大数据的平台三方共进。这有可能是最适合大数据发展的路径之一，最终服务与回馈用户、社会与公共治理。毕竟，大数据为我们提供的不是最终答案，只是参考答案。

2. 谈商业领域的数据垄断可能为时过早

大数据无所不在已成世人共识。数据开始成为一种颇受关注的财产与生产资源，"有价"之后，不可避免地会产生产权问题。数据究竟是属于挖掘整理的平台，还是归提供数据的个人？当前无论在社会层面还是法律层面，对数据产权归属、数据垄断等问题已经争议声四起。推己及彼、心平气和地去想，倘若用户因为之前的商业行为轨迹，被平台收集后精准"画像"，其后有商家提供了更为精确与"量身定做"的服务，大部分用户可能虽然一开始有些惊愕，但并不生气信息被利用，甚至会觉得这样是一种双赢，商家获得合适的目标用户，用户也节约了挑选的时间。而若是用户的信息被某些平台滥用或出售，导致用户信息泄露，这一定是用户难以忍受的。

平台通过挖掘、收集与处理数据可以获得很多有用信息，帮助企业做出决策、产生价值。但平台究竟有没有权利自用或者将数据借予他用？这是现实问题，并由此催生了一些法律问题。但仅从现有法规上去看，关于数据产权的规范也较为模糊或者缺失，对于大数据的生命进程进行哲理性的思考就显得相当有必要。

当前"数据公开"并不存在多少技术性障碍，譬如许多地方职能部门都有自建的内部公共数据平台。但是这些数据往往外界难以分享，部门之间的互连互通也可能存在问题，由此导致的典型问题就是办事难，办一件事情重复地填表格，一个部门接一个部门地提申请、盖章。显然这种公共数据的部门化、垄断化是与潮流相悖的。商业数据与此有着明显的区别，商业领域的数据共享是大数据时代的天然特征，当然，也是隐私失控与数据割据的隐患所在。对于大数据的监管与"割据"的规制，可能更适合细分作业，对于民生公共数据，提倡在各地职能部门间的连通；商业领域则颇具复杂性，技术进步日新月异，以及获取大数据场景的千变万化，使得竞争只是处于刚刚开始阶段，谈商业领域的数据垄断可能为时过早，提倡在保护隐私和相关合规平台利益的前提下进行牵制，在保证大数据获取合法合规的前提下，鼓励大数据的应用创新。参考在大数据领域处于领先地位的美国，正是由于苹果、谷歌、微软、亚马逊、Facebook、雅虎等公司的存在，美国获取全球数据的能力也是首屈一指的。

当然，以上场景的实现，还需《网络安全法》《信息公开法》《信息保护法》等法律的出台与支持，大数据领域的霸权消解和协作推进机制也需要这些立法先行。毕竟技术的使用者是受到人性控制的，技术虽然不具有道德规制的属性，但人性完全可以通过道德与法律来进行制约。从法律角度聚焦大数据获取的合法合规性与创新外延，以求做到客户隐私、公众利益和整合大数据的平台三方共进。

相对数据垄断而言，过度收集数据与数据滥用可能是用户更为关心的内容。出售用户数据应由用户来决定，这一权利可以放弃，但理应天然拥有。用户应被赋予访问、获取、整合、利用和出售与用户直接相关或用户参与创造的数据的权利，即形成数据交易市场。用户对自身数据的积极支配，将促进数据的自由流通与保值增值，增加新兴企业的发展机会，提升数据应用的多样性和效率，最终使大数据的价值得到充分发挥。同时，这将促成一大批新的创造社会价值和财富的产业机会。最终，用户数据的交换应该像自由劳动力市场一样，成为一个自由买卖的市场，通过"看不见的手"来提升个体间的合作、创新、经济成长以及自由。随着信息技术的发展，用户对用户数据的获取、控制和出售，预计将简化为点击几个按钮，让每个用户都能很容易、很便捷地完成。当然，用户在对用户数据商品化的过程中，也需要对共同生产数据的平台企业在生产环境和存储费用方面提供某种形式的成本补偿，例如供平台免费使用或者交换共享。同时，数据收集平台也应承认和尊重人们对未知的恐惧，明确告知用户哪些数据被搜集和使用，可能被使用的范围，数据用途的价值倾向，以及需要承担的风险，这显然更符合与道德决策相关的自主原则、知情同意原则。将选择权回归用户，也有助于在大数据的应用中减少弊端。

问题：大数据带来便利的同时，隐私权衰落也是必然？

这并非"可以承受"的代价。一是金融信息不同于一般信息，往往更为核心与敏感。二是既为信息，应同时具备流转价值和安全价值。强调信息流转，忽视信息安全，尤其是金融信息的安全，显然并不公允，而是应当兼顾两个价值之间的平衡。一言以蔽之，大数据背景下传统隐私概念的衰落，并不意味着以金融消费者为代表的数据主体不再对自身的信息享有任何权利。

（五）数字货币的未来

1. 数字人民币真的来了

"你中签了吗？"随着近期北京、上海、长沙等地陆续展开新一轮数字人民币试点活动，数字人民币再次成为大家"朋友圈"的热议话题。北京、上海等地结合消费季各种活动，发放了数千万元的数字人民币红包。提前通过各大银行 App 预约并幸运中签的消费者，每人可获得数百元的数字人民币红包，可在数千家指定商户无门槛消费使用。这是继 2019 年底，央行宣布数字人民币首次在深圳、苏州、雄安、成都四地试点、测试之后的又一突破。试点范围逐步扩大的同时，数字人民币的应用场景也在不断丰富，技术反馈不断完善，受关注程度越来越高。雄安新区完成首笔"链上"数字人民币工资代发，大连市住房公积金管理中心通过数字人民币支付方式完成首笔住房公积金单位缴存及个人贷款还款等应用场景，进一步拓展了数字人民币在民生领域的应用范围。数字人民币在国内热度攀升的同时，也在国际上产生了影响。

与此同时，老牌数字货币、新锐数字货币等众多数字货币连跌不休，给了很多新入场的投资者以真金白银的教训。暂不论其价格曲线是否有波段一说，比特币不是国家性质货币，在缺乏政府背书情况下，其内在价值极不稳定易受市场冲击而产生波动，这种波动自然在所难免。而如果比特币等数字货币发生的是剧烈变动，势必会影响一国金融体系稳定，进而产生多种金融风险，包括系统性金融风险、消费者权益保障风险及洗钱或恐怖主义融资风险等。而更具黑色幽默意味的是，除了比特币有总额度限制，其余各种数字货币，尤其是山寨币种，完全放弃了总量上限，超发滥发，被玩成了"击鼓传花"的游戏。显然，由央行发行，具有国家信用背书的数字人民币的发行，则可避免非银行数字货币的滥发问题。其余优点更是众所周知，例如节约成本、提升支付安全、维护国家货币发行权及金融市场秩序等功能作用，另外还利于央行精准掌握和调控货币供应量，对非法交易、洗钱及恐怖融资等违法行为具有震慑作用。

不过，在很多人看来，可能还难以区分数字货币与支付宝/微信电子钱包。数字货币的主要特点是不需要绑定任何银行账户，摆脱了传统银行账户体系的控制。数字货币属于法定货币，具有无限的法定偿付性质。商家可以拒绝支付宝/微信支付，但如果你使用央行的数字货币支付，商家是不应拒绝的。另外，我们用支付宝或者微信支付，起码手机要有网络，没网络就抓瞎。但数字货币不用，只要两个装有数字钱包的手机开着 NFC 功能，碰一碰，就能实现转账或支付功能，无疑可以避免没网的尴尬。

根据普华永道披露的数据，全球超过 85% 的央行都在对本国货币数字化进行调研，中国率先试水后，欧洲、日本和美国等正在加紧研究。其实几年之前，脸书币——Libra 便已经在美国热闹过一回。Libra 项目负责人马库斯坦言 Libra 作为区块链加密货币，储备金一半是美元，这一抛却区块链去中心化核心要素的"投诚"，可让美元再添新霸权，给人民币国际化进程再添拦路虎。前央行行长周小川一语中的，Libra 被重视跟全球的美元化趋势是分不开的。这实际上是一个强势货币取代、侵蚀弱势货币的问题。在人民币本外币趋同和一体化的进程中，需要考虑这种趋势对我们的压力。因而，早在2014年央行就已经开始对数字货币、央行数字货币进行研发工作。当下央行数字货币的试点正调整至快车道，无论从宏观还是微观背景来看，是完全有这个必要的。

2. 我们不应缺席的数字货币

关于脸书币——Libra，美国参众两院针对 Facebook 计划启动的数字货币项目 Libra 召开听证会，围绕该项目的动机、内容及其影响展开了激烈讨论，再次让 Libra "燃爆" 全球视野。但是不难发现，激烈仅限于技术细节层面的讨论，参众两院与 Facebook 在维护美元霸权和美国霸主地位这一点上并无不同意见。这让听证会有了一丝作秀的意味，可以理解为美国国家决策层面对于 Libra 的创新虽然嘴上挑挑拣拣，但内心还是视这个 "熊孩子" 为亲生儿，满足一定 "规矩" 的前提下，放手让其干下去并推广至其他国家，应该是大概率事件。

参众两院与 Facebook 作秀给全球看，对于中国等其他主权国家来说，"看戏" 之余，警醒还应首当其冲。Libra 项目负责人马库斯坦言 Libra 作为区块链加密货币，储备金一半是美元，这一抛却区块链去中心化核心要素的 "投诚"，可让美元再添新霸权，给人民币国际化进程再添拦路虎。同时，尽管 Facebook 在对待用户数据隐私方面有前科，但随着其推广开来，很多人即便不情愿，也可能被 "裹挟" 其中，数据安全的主控权极易旁落。再来看马库斯口中将来 Libra 的盈利方式，我们听起来是那么的熟悉，首先是接受数字货币支付的商户，其次是与传统银行和金融机构合作，靠提供低成本的服务来产生收益。这两种方式，尤其是前者，连经营农村小卖部的大爷都可能已经非常熟悉。数字时代的这两招，我们当前已经牢牢占据领先优势，并且顺着一带一路等途径，正在输出至他国，但 Libra 一旦落地，我们这一先发优势还能保持多久，已属未知。

好在我们已经注意到顶层设计上早已有所防备，并且对 Libra 有着极端深刻的认知。前央行行长周小川一语中的，Libra 被重视与全球的美元化趋势是分不开的。这实际上是一个强势货币取代、侵蚀弱势货币的问题。在强势货币的影响下，弱势货币国家的资本可能会流向强势货币地区，寻找安全港。尽管 Libra 本身能不能成功仍然要打一个问号，但至少它提出了一个想法，这不仅是对传统业务和支付系统的冲击，它企图盯住一揽子货币的想法，代表了未来可能出现一种全球化货币的趋势。在人民币本外币趋同和一体化的进程中，需要考虑这种趋势对我们的压力。周小川因此认为未雨绸缪提前做政策研究很有必要，事实上我们也是这么在做，早在 2014 年央行就已经开始对数字货币、央行数字货币进行研发工作。目前中央银行已得到国务院的正式批准，正在组织市场机构进行央行数字货币的研发。不过面临 Libra 咄咄"逼宫"之势，从节奏上来看，我们自己的数字货币研发有待调整至快车道。

与此同时，数字货币光有理论上的研究，还是难免纸上谈兵。如同 Libra 由 Facebook 这样一个商业平台提出，我们对于类似高端区块链有研发投入的平台与企业，尤其是在马库斯口中提及的数字货币支付、与传统银行和金融机构合作这两方面有心得有经验的平台与企业，完全可以适当调整监管思维，引领与激励创新。"一刀切"虽然省事，但这个领域的主动权与制空权将落入 Facebook 们之手，何况对于 Facebook 想做的事情，我们早已牢牢占据领先地位，完全值得拥有足够的自信，事实也证明我们做得好。能否鼓励与支持区块链领域的创新和先发优势，除了决定了我们会不会失去数字经济主导权，往大了说，数字货币搭上 5G 的翅膀后，事关国家和民族未来竞争力、主导权。我们在 5G 上艰辛积累的果实，没有理由被 Libra 摘去。

如同央行研究局局长王信所言，从学术讨论的角度假设和推演，假使中国支持机构也发行类似 Libra 的中国版数字货币，其应用范围与对人民币将产生怎样的影响，都非常值得研究。但从监管部门角度来看，怎么完善金融科技监管的制度框架，发展监管科技，这里面有大量的现实问题更加迫切需要解决。"前些年中国监管部门对虚拟货币、虚拟资产采取非常严格的态度。Libra 之后，应该采取一个什么样的态度和策略？等等这些都是有挑战的课题。"换句话说，Libra 的成功未知，但未来一定会出现新的全球化货币，在全球流通和使用，是我们可以预知的结果，Libra 的提出，加速了我们这一认知进程。将来这一新的全球化货币是否叫 Libra 不重要，重要的是我国已经开始了数字人民币的试点测试。

问题一：金融科技对传统银行等金融机构有触动吗？

本身蚂蚁金服等很多金融科技平台已经参与过民营银行的发起与运作，与传统银行可以在联合获客、用户运营、智能风控、服务创新、流程优化、加强客户信用评价、打通信用体系、完善智能风控等多方面，共同开发与服务客户。因此，触动很直接，但最终受益者是客户。

问题二：什么是数字人民币？

通俗一点说，数字人民币并不是一种新的货币，它属于央行管控的数字形式上的法定货币，其实就是电子版人民币，功能属性与纸币相同，可以被视为纸币的数字化形态。

问题三：数字人民币和支付宝、微信钱包的区别？

在扫码支付这一方面，实际上与微信支付或支付宝等常用支付平台类似，会用支付宝和微信支付就会用数字人民币支付。此外，数字人民币还有汇款、碰一碰等功能。"碰一碰"功能让人们使用数字人民币时，不需要网络、不需要银行账号，只要两个手机都装有数字钱包和NFC功能，就可以通过"碰一碰"实际转账，被称为收支双方"双离线支付"，这是目前支付宝与微信钱包所不能实现的。

第四章

确信之事非所想？
无知决定你的大烦恼

（一）房子的本意

1. 学区房的冷水应该怎么泼

对于学区房一直以来的涨势，有人开始用"博傻"来进行评价。击鼓传花的过程中，只要鼓声停下的那一刻，没有"砸"在手里，就是赢家。作为一名曾经的中学教师，我认为这个说法鞭辟入里，同时又容易湮没在泛泛而谈之中。我们不妨试着从另外一个维度来进行解释，先从一个我自己的真实案例来导入。

我大学毕业后最初执教于一所城乡接合部的初中，一个年级五个班，彼时的小升初考试后，前两个重点班按分数从高到低选人，剩下的就平行分到后面的三个班。语文、数学两门课总分 200 分，考进三位数的，后面三个班只各分到一两个。如果这一两个学生进入前面的重点班，所能获得的地位可想而知。但是，在我们后面三个班，情况则有天壤之别。这种学生是我们班的重点学生，我的目标就是要力保其三年之后考上公费高中，如果其考不上，其余学生更困难。我和该学生谈心：先令其兼任数学与英语课代表，如期中考试之后仍是班级第一，则升任班长。三年之后，我们后面三个班总体成绩当然不如前面两个班，但是，三个班各自的第一、二名均顺利达成既定目标，成为班级的荣耀所在。而比他们一开始入学时成绩要稍高，有幸被分入重点班的其他同学中，则罕见有可媲美者。这样令人五味杂陈的故事，在我离开教师队伍之前，年复一年地在学校上演。

　　甘愿搏命一般进驻每平方米单价 10 余万元，已经远远脱离价值基本面的学区房的家长，一般都会将好的学校与好的教学质量画等号，这没有问题。问题在于班级的每个孩子能否平均得到这种质量。以我自身体会与所见所闻来看，对处于班级中后水平的学生得到这种质量持不乐观的态度。而倘若这类水平的学生进一般学校，不难获得这种质量（来源于一般学校优势师资力量的集中），辅以在名校很难获得的其他外界激励因素（来源于一般学校老师、同学对于其目光的聚焦），可能会引起化学反应般的裂变，从而树立信心，进入人生的良性循环。

　　从一定意义上看，学区房只是现行教育体制下的一个暂时的独特现象，只是当下房地产市场的衍生品。即便家长们因为一句出处可疑、内容经不起推敲的"不能让孩子输在教育的起跑线上"，不顾自己各年龄段孩子的真实水准，使出自己积累至今最大的潜能，供子女挤进名校，博个好前程，对此我表示敬佩与理解。但是祸福相依，相当一部分学生，不一定会在接下来的学习与班级中感受到快乐与受重视，继而影响学习效果，达不到父母的既定目标，也是大概率事件。

2. 以房养老，真的可以实现吗

　　老年人住房反向抵押养老保险，俗称"以房养老"或"倒按揭"，实际上在 21 世纪初就已被引入中国。2014 年，保监会便已经陆续在多个城市开展试点，但效果并不理想，几年来仅极个别保险公司开发了此项险种，区区百余名老人完成承保手续。当以房养老都快淡出人们视野之际，银保监会发布通知，决定将老年人住房反向抵押养老保险扩大到全国范围开展。政策出台背后的深意，的确有几分值得说道之处。

各地房价多年来居高不下，实质上已为以房养老做了奠基。但以房养老在国内之所以长久以来不温不火，必定有其自身深刻的内在原因。很多人自然而然会首先想到中国养儿防老、房赠后代的传统观念，不无道理。但住房反向抵押成熟如美国，在一开始推进的进程中，同样也出现了住房反向抵押贷款资金利用效率低、产品优化进展缓慢、市场单一、竞争薄弱、交易费用过高、体弱老人常因迁移和外出医疗违反规定等问题，以及住房反向抵押贷款常与穷苦潦倒等同的社会观念，与中国以房养老政策推行中遇到的问题高度重合。所以，从一定角度来看，这本质上是一个循序渐进的社会学演变进程，一蹴而就不现实，简单归因于某一先天因素而放弃努力也不是明智之选。

众所周知，中国老龄化问题越来越严重。据悉到 2025 年，60 岁及以上人口将达到 3 亿，中国将成为超老年型国家。从政府政策设计的角度来看，"以房养老"考虑到机构养老、社区养老等多元养老方式进展缓慢的现状，力图减轻"居家养老"者负担，用心可谓"良苦"，但换个角度来看，公众观念转变的过程过短，直接将保险机构置于公众自主养老的首选之位，难免会被误解为是对养老保障责任的推卸转移。房产被置于交易中心的同时，老人也被置于政策施行的中心。家人、社区等风险缓冲介质无处下脚，作用大幅弱化。同样，以房养老意图将金融机构的市场逻辑直接作为老人与子女的中间环节，遭遇传统伦理观念的强烈抵制也就并不让人意外。

以房养老这种"倒"按揭与传统买房付月供的"正"按揭相比较，没有首付，也无须以 30 年为限，老人每月所获甚至都比不上月供，此时此刻，老人的养老服务被转化为保险机构的利润得失。令人意外的是，保险机构却并不认为这是一项划算的买卖，这点从参与人数之少就可以看出来。对保险公司来说，此项业务涉及房地产、金融、财税、司法等多个领域，存在诸多不确定性，尤其是法律法规尚不健全，政策基础较为薄弱，业务流程管理和风险管控难度较大，缺乏盈利的确定性。想必这也是近年来试点遇冷的主要原因。

因而，以房养老若要深入人心，还是需要老人与保险公司的"两相情愿"，而政府的支持则是业务成功运营的关键因素。特别在试点、推广阶段，需要推广一定的鼓励政策，对参与以房养老的老人、银行、保险公司均要给予相关税收优惠。特别是要汲取这四年来的试点经验与教训，从源头上对以房养老设计、执行环节出现的疏漏进行调整和修补，对各阶段运营优劣做出有效总结，方能达到让相关活动深入人心的目的。

归根结底，以房养老只是一种有效的补充养老形式。其目的是探索符合国情、满足老人的不同需要、供老人自主选择的养老保险产品。虽然扩大了养老服务供给方式，但无法替代基本社会保障。尽管以房养老首批试点效果并不理想，但并不能因此否定此举的创新价值和实践意义。随着经济社会转型以及养老产品市场的不断培育，辅以参与各方对产品公允价值的磨合，政府政策的鼓励与引导，潜在需求必将会有集中显现，前瞻性去看，以房养老保险全面扩围不仅可行且有必要。

问题一：学区房究竟价值几许？

学区溢价普遍存在，这归功于中国式父母，一些老破旧甚至丧失了居住功能的学区房，已经远远脱离价值基本面。而家长却一般都会将好的学校与好的教学质量画等号。在有下家接手的前提下似乎没有问题。但一旦遭遇学区调整等教育改革，溢价可能归零。

问题二：我们究竟要不要花高价去买学区房？

父母的焦虑虽能理解，但还是需要结合自己孩子的实际情况来做决定，需要考评孩子能否适应好的学校的氛围并跟上进度，否则对孩子的学习成长也可能会造成不利影响。其实，成年人都明白自信心对于一个人的重要性，未成年人更需要自信心。一旦孩子在班级里跟不上趟，容易丧失自信心，进入恶性循环。

问题三：以房养老现行状况如何？因何遇冷？

银行、保险公司等金融机构向老年人提供住房反向抵押服务，以达到补贴老年人生活、缓解养老保障资金紧张。从试点情况来看，业务开展并不理想，在供求端和需求端都遇冷。

"以房养老"意图植入市场逻辑将金融机构作为老人与子女的中间环节，势必遭遇传统伦理观念的强烈抵制，这是中外信贷市场都遭遇的重大难题。政府的支持是"以房养老"业务成功运营的关键因素。政府在试点、推广阶段需要推行一定的鼓励政策，不应将老年人的养老服务被转化为金融机构的利润挂钩。

（二）新零售、新租赁

1. 新零售未来长什么样

自马云 2016 年首倡"新零售"概念，新零售时代已经扑面而来，阿里更是将 2017 年定义为新零售元年，以突出这种基于数据驱动对商业三要素"人、货、场"进行重构的新零售模式，线上线下与物流结合在一起的新零售时代似乎已经正式开启。虽然刘强东随后发文否定了这一提法，而是用所谓"第四次零售革命"的概念来诠释未来零售，认为"智能技术会驱动整个零售系统的资金、商品和信息流动不断优化，未来零售基础设施会变得极其可塑化、智能化、协同化"。但一对比，并无新意，倒是新零售更便于传播。

虽然用词不一，但几大线上电商巨头无疑已经在这一领域积极布局甚至展开竞争。比如，京东捆绑沃尔玛；阿里布局盒马、三江购物、银泰、大润发；腾讯动作稍晚，也已落子永辉、家乐福、步步高、海澜之家；万达则阿里和腾讯两边均沾。这让一度除了餐饮与理发，其他类均被认为"夕阳产业"的零售业一转眼又成了兵家必争的香饽饽。

阿里新零售价值观的持续输出有自己的底气所在。其旗下盒马鲜生作为一种崭新的生鲜超市业态，家家爆满，成为一种商业现象；针对中小城市的社区便利店所推出的零售通系统，据称将在未来开到 100 万家；无人超市或者便利店虽仍在实验之中，但已经足够吸睛；天猫已和很多线下品牌达成合作，出钱、出力将其线下店升级成智慧门店。与阿里有合作关系的传统零售企业或多或少都有新零售变革的举措，这正应了在谈及阿里做盒马鲜生之初说的那句话："阿里并不是要占领中国的生鲜销售，而是要唤起零售行业的惊醒。"

只是惊醒之余，许多中小实体零售商可能也受到了惊吓。不过类似这种惊吓，若干年前实体从业者们也早已经领教，那时候是不做电商就难以发展，现在变成有人来告诉他们，如果不做新零售也难以发展。从那时还能"有幸"活到今天的实体零售业主，对有关线下零售的一切，应该有一些自己的看法与心得，比如对于保持独立性的必要性。也许迫于线上流量受平台控制而曾无奈选择线上站队，但不可否认的是，线上流量获客成本已经越来越高，那些直接和店铺营收挂钩的流量大户，一定销售规模背后花费百万运营费用，这种现象也很普遍，并不见得就比实体房租有性价比。

更为关键的是，线上市场面临增速越来越慢的趋势已为各界所共识。既然线下仍是零售大头，那么谁能先占据这一市场，谁就可以在未来占据先机。因而也就不难理解电商巨头的争夺诉求越来越升级，实体也被迫或者主动站队。只是三十年河东三十年河西，谁也无法保证哪个平台最终能够笑到最后，不少实体零售商难免一边被迫站队，一边困惑。

实体零售中小企业关注的是自己的生意本身，有自己在长期竞争中积累的生存之道，虽然柜台可能被各类线上支付及优惠的标识摆满，但究竟对互联网是否深以为然，答案只能在各位老板心中。线下零售赚钱不易，繁杂琐碎非互联网从业者所知，虽然存在很多硬伤，但也并非一"触网"就可以在短期内解决。而互联网从业者则完全不同，其看重的是全盘市场布局和规模，搭建的是平台。对于电商巨头而言，具体做什么不重要，短时间内挣钱还是亏钱也不重要，重要的是短时间形成规模化的、占有率高的平台，将来就有赚大钱的可能，资本市场的估值提升更是不在话下。从这个角度去理解，新零售是某几个互联网巨头率先挑起的"局"，不跟，现在就出局；跟，在发展过程中如果某一个环节出现问题或者资金不够时，也会出局，且前功尽弃。互联网思维跳跃，新零售的主旨也已超越商业本质，线下实体零售商除了填补他们线下渠道的空档，不一定能跟得上，而且渠道被控，终究也会引发自身不适。

对于顾客来说，如何最快速、最方便、最具性价比地买到想要买的东西，"买买买"的同时又能感受到应有的尊重，才是零售的本质所在，这一点不论新旧，也不论线上线下。身边的实体零售商可以存活那么多年，一定有其存在的道理，因为不了解消费者需要什么的零售店早已倒闭。线下零售迄今仍然可以占据中国社会消费品零售总额的 75%，恰恰证明了其自身的价值，并且让自己"活"得还行。这也给消费者保留了一个情感宣泄和情感连接的线下消费场景。无论线上线下，最终要提供给消费者的是有自由、有品质、存在感的，并且充满爱的生活。抓住这些永恒要素，方才能称得上抓住了消费者的本质需求。

因而，新零售不能只是简单的"线上下单，门店取货"，不能只是"消费满 100 元扫码减 8 元"。除了目前走在前列的阿里、京东这两家线上、线下经验丰富的巨头，其他那些只做财务投资的战略投资者们难言有新零售代言资格。这场商业变革的核心在于线上巨头携手线下零售商，踏踏实实地去深度介入与改造，光靠财务投资完成不了这一变革。这点需要各线上巨头和线下零售商心中有数。

2. 新租赁经济来了

或许高质量的租赁可以一试？近期关于"租"生活的报道多了起来，"买不起才租"的观念已经让位。"租一族"表示，租不仅仅是因为囊中羞涩，更是一种环保、时尚、前卫的生活态度。

从人性角度来说，包括婚纱在内，几乎任何东西，只要买得起，人类就倾向于买回家，而不是租。但是同样基于人性，购买令人"压力山大"，在海边租一套浮潜用具，你只需选好合适的尺寸，几乎不用太关心颜色或款式，但是如果让你付钱买下，就有可能要比较到商店关门。可见，一个决定是否可以撤回和可变通，完全决定了选择带来的满意度以及做决定时的审慎程度。

同时，因为租用的变通性更高，风险较低，价格或质量已经退居不容易被人注意的地位，人们做决定时所花费的精力占比越来越高。这给了商家一个提醒，租赁用品多一些溢价，并不见得会显著地降低消费者的需求，关键在于提升客户租用的便捷度和体验的满意度。当今社会，时间宝贵，"租一族"很在意花费的精力，需要花费的精力越多，越容易打消他们的租用意愿。

与之相反，消费者在购买商品时，会选用比租用时苛刻数倍的"困难"模式，会有更多比较和审慎思考，这让他们对价格的变动非常敏感，因此商家反而应该为此多准备优惠或降价促销政策，这些策略对于购买者更为有效。另外，对于"租"一族而言，在用最少的钱享受最大的快乐，从"买—用—扔"单线型消费步入现在的"租—用—还"环保循环型消费模式。

人生不是租来的，但是无疑"租"生活给了人们更大的自由度和欢愉。

可以预见，基于芝麻信用等外部信用评级平台的免押金助力，新租赁经济将有望成为未来经济之后的一个热点。

问题一：何为新零售？

马云认为新零售是基于数据驱动对商业三要素"人、货、场"进行重构的新零售模式。刘强东认为新零售是"智能技术会驱动整个零售系统的资金、商品和信息流动不断优化，未来零售基础设施会变得极其可塑化、智能化、协同化"。这些话都很有道理。

问题二：新租赁解决了什么痛点？

主要痛点就是在于不用再依赖押金。芝麻信用等市场化第三方独立信用评价平台的日渐强大，从之前的共享经济，到现在的租赁商户，皆可以借此摆脱押金依赖症，借助芝麻信用等恢复到正常、健康的经营模式之下。

第五章

你也公私募不分？
带你弄清公募与私募

（一）公募基金

1. 公募基金再迎盛夏的果实

2020 年注定是不平凡的一年。A 股市场春节后第一个交易日被疫情打出个深 V，随后拔地而起凌厉逼空的反弹都令人瞠目结舌，A 股成交量一举站稳万亿元，且不断持续放大，迅速引爆市场氛围，各种微信群，除了疫情，聊的最多的话题当数股票、基金。尤其是当陈光明的睿远基金第二只权益产品睿远均衡价值三年，单日引来 1 200 亿元资金抢购（最终配售比例仅为 5%，即 60 亿元），让老股民、老基民一下回忆起 2007 年牛市，上投摩根在当年 10 月份曾创下单日产品募集超过 1 100 亿元的纪录，13 年后再度被刷新。随后尽管外盘调整，但 A 股硬是丝毫不惧，走出了自己的步伐，依稀有几分牛市的味道。此刻百姓理财市场绝对焦点——公募基金的销售记录，值得当下的研究与将来的回顾。Wind 数据显示，仅年初不到两个月时间，新基金的发行规模已达到 2 681 亿元，这一数据是在其中大多数基金还是按比例配售的情况下。如果不是按比例配售，单二月底的最后一周，就吸引了近 1 500 亿元的认购资金。并且这当中不乏有 3 年乃至 5 年封闭期的产品，这对于热销权益类基金来说，之前确实并不多见。

一年有四季，而公募基金仿佛只有冬夏。2020 年上半年的盛况，无疑又是基金业的盛夏，果实就是权益类资产（股票型基金、混合型基金），各大基金公司对于权益类资产的配置继续加码。倘若大盘不是突然间有太离谱的持续闪跌，那么当中肯定又有不少成为爆款，比如科创主题基金、绩优基金公司发行的新基金等。

权益类基金热销的背后无非这么几个原因。

最根本的是市场配合。挣钱效应再现，并有望持续，大幅提升了投资者对公募基金的信心。Wind 统计显示，2019 年，股票型基金和混合型基金的规模分别较 2018 年同比上涨了 56.92% 和 39.21%，规模分别超 1.2 万亿元和 2 万亿元。除了 A 股市场在 3 000 点下方自身的估值优势，另一方面也在于利率下行等流动性宽松因素的刺激，权益类资产在规模增长带动下具有明显的赚钱效应。数据显示，截至 2019 年底，标准股票型基金的收益率达到 46.98%，而混合偏股型基金的收益也达到了 47.83%，大幅跑赢同期沪指 22.30% 的全年涨幅。单就这一点来说，可以视为整个公募行业在股基等几大传统权益类"主业"上取得的难得突破，毕竟数十年时光，连备受诟病的 A 股也都有了长足进步，而扎根于二级市场的公募行业在有效管理（主动管理）口径上再没有令人信服的成就，不得不说是一种遗憾。况且，占比超半壁江山，本质属性是流动性配置的货币型基金早已被剔除出基金公司规模统计口径。说明监管层已经帮整个行业下了决心，舍弃对"挽救"了整个行业脸面的货基的依赖。

其次是明星基金经理的号召力。银行、券商等主代销渠道，对那些明星基金经理的新产品推介自然会不遗余力，加上不少明星基金经理本身就自带"流量"，因而基金公司平台名气是否响亮，此刻反而显得不那么重要。加上公募基金自己的销售渠道维护优势，新基金设计又大多契合目前市场的热门主题，因而借势打造一个万众翘首以盼的热销场面并非难事。

此外，随着资管新规的出台，各资管机构纷纷推出净值化产品，打破了以往旱涝保收的理财刚性兑付。对于银行、信托等金融机构来说，可能有一个产品线上的适应过程。但对于公募基金来说并不复杂，公募基金二十多年来一直都在做净值型产品，从一开始就不存在刚性兑付的概念，并且这一概念也早已被普通投资者所接受。"房住不炒"的大环境下，有着实实在在的资产保值增值需求的城镇居民，也将目光从房市转向了股市，自己不懂股票，那不如交给专业机构投资者打理更为省事，上述基金得以热销也就不难理解。

不过，历史经验告诉我们，不少基民自身最初接触权益类产品，往往选在了一个错误的时刻。市场高点时闻风而动，莫名敢于放大风险，选择明显不适合自身特点的权益产品，低谷时却又难以接受，一割了之。倘若不是因为追随过往业绩优异的基金经理，对新基金的追捧其实是金融素养匮乏的典型表现。不管代销渠道的理财经理们如何推波助澜，要知道买没有任何历史业绩的基金，在成熟市场无论如何都是一件令人费解的事情。真要是看好接下来的市场，为什么不去选择过往历史业绩优秀的老基金呢？

同时，数百亿元规模的单只基金操盘向来不是易事，过往的收益率统计也不乐观。颇具黑色幽默意味的是，根据 Wind 统计，越是优秀的爆款权益类基金，其后的规模缩水迹象更为明显，而其历史业绩无论以 1 年期还是以 3 年期来看，均难言令人满意，甚至还有不少持有 3 年以上后竟然亏损，以致规模不断滑落，甚至缩水近八成。当然，之前市场上百亿元以上权益类基金样本并不多，但是足以管中窥豹。

资管行业秉承的是受人之托，忠人之事的受托文化，很容易就立见高下。我们对于某一个人，或者对于某一机构所进行的鉴别与评判，不可避免地包括对其道德与文化层面上善与恶的评判。扪心自问，倘若没有大格局、大眼界，着眼五年以上的视野，想让任何一家基金公司的股东层、董事会，支持经营层此举，谈何容易。基金公司将精力着眼于规模，眼光聚焦于排名，聚在一起比谁亏的少，这种怪事也就见怪不怪。

基民与股民"小散"一样，作为社会人，所做出的决策可能不完全是知识表达，也有很多情和意的因素在里面。尽管难言成熟，但并非不值得尊重。不少基民虽积蓄有限，却有着对回报的强烈渴望与对基金公司的高度信任。投资者的资金也终将集中流向长期业绩优秀的基金与能够给予基民各个环节更好体验的基金。与此同时，基金公司的价值取向决定了自身能否成功以及成功的早晚。众多基民用实实在在的真金白银参与了公募基金上一个和下一个十年的发展，数十家基金管理人也在过往积攒了来之不易的声誉。资管领域的主要矛盾将来也应会同样面临着一个转化，即投资者日益增长的财富保值增值需要和落后的资产管理能力之间的矛盾，朝投资者日益增长的个性化理财需求与资管产品多样性不够丰富之间的矛盾转化。相比较可能已经迈进第二阶段的其他资管领域，从公募基金业十余年来的发展管中窥豹，公募基金业当前可能仍处在着重解决前一个矛盾的阶段。因为过去十余年间，QDII、ETF 等产品均曾一时大热，但要不就是被市场表现拖累，要不就是因合规限制而边缘化。

回到文初所言的动辄热销百亿元、千亿元的单只权益类基金，不禁令每一个关心这个行业长远发展的人为此心悬。基金经理、基金公司、监管层，皆应"爱护"基民的这份热忱。一些新基民可能还不太明白为什么明明自己有钱也买不"过瘾"，实际上这种"限购"也正是被"呵护"的体现之一。

2. 行业 ETF 基金是什么

刚开始，阴差阳错进入金融行业之前，我连股票型、债券型、货币型基金之间的区别都不知道，只知道有本事就自己买股票挣钱，没本事就买基金。2007 年那一波牛市当中，报纸上充斥着某些人购买 ×× 基金五六年，复利挣了十余倍之类的激动人心的故事。于是有人错以为基金比股票省心，还不少挣。现在看来，这种涨幅的估计只有股票型基金了。估计私募客户的可能性不大，只有那种银行代售，一般千元起步（基金定投百元起步）的公募了。一千多只基金当中，极个别优异者每年有 20% 左右的涨幅，复利是可能会有十几倍，问题是有这千里挑一的本事或者运气，用在选股上，百倍也不是没有可能。所以，大部分股票型基民的结局与大部分的股民同步，亏就一个字。亏的同时，股民要交手续费，基民也得交管理费。

现今的股市，板块轮动越来越快，同时好不容易确定了优质板块，选股也知道选龙头了，龙头股的变换往往也十分迅速。追涨杀跌几次，鼻青脸肿下来，恨不得整个板块每只股都来上一点的时候，那就应该是行业 ETF 出场的时候了。

最妙的还在于，当整个行业股已经开始往上攻，ETF 的上涨却滞后时，这就是投资 ETF 的好机会了。因为此时投资者有更大的空间来把握获利。

简而言之，普通投资者只要对某个行业有信心，那就选定一两只成长性不错的行业 ETF，长期持有，即可轻松分享其长期增长带来的收益。

3. 资管新规，究竟利好谁

公募基金业二十多年，初心为公，使命初成。适逢资管新规发布，整个资管生态也即将面临重塑。过往多各种混业经营乱象，随着资管新规的落地，已经没有了生存空间。统一监管只是开始，随着"一行两会"的诸多细则的落地，各资管机构的展业空间与范围集中指向一个方向，那便是其自身专业能力、主动管理能力和在合规前提下的创新能力。通道业务朝主动管理业务或主动或被迫转向，也是接下来各领域资管机构的本源回归之路。

资管新规鼓励资管机构推出净值化产品，打破刚性兑付。这对于银行、信托等金融机构来说，可能有一个产品线上的适应过程。但对于公募基金来说并不复杂，公募基金二十多年来一直都在做净值型产品，且从一开始就不存在刚性兑付的概念，这一概念也早已被机构或者普通投资者接受。更为重要的是，公募基金的体系设计、法律构架方面立足点较高，其人才优势、制度优势、平台优势、长期业绩、以价值投资为核心的投资理念等，也通过二十年来的发展，赢得了社会肯定。宏观来看，公募基金经过长期的规范运作，证明了自身在投资管理方面的优势，并树立了自己在资管领域不可忽视的地位，具有一定的先发优势。

但从基金公司微观层面而言，资管新规实施后，公募基金一并被纳入大资管市场统一监管、充分竞争的市场环境，尤其是银行可以设立独立资管子公司，发行净值型资管产品这一点，带来的竞争压力显而易见。不能再如以往一样靠牌照优势"躺着挣钱"，也使得银行布局净值型产品的主动管理意愿上升。

从渠道、资金、客户等几个方面去比较，大部分公募基金在银行资管子公司面前，几无还手之力。老百姓走进银行的那一刻起，对银行的信任便摆在了第一位，银行首推自然也是自己资管子公司的产品。一些风险等级与收益率差别不太大的产品，肯定是银行资管子公司"近水楼台先得月"。因此，占据了公募基金规模"半壁江山"的货币基金将可能面临有史以来第一次真正意义上的冲击，毕竟对于个人客户而非机构客户来说，公募基金分红免所得税这一先天优势并不存在，而个人投资者对银行的信任又天然强于公募，遑论很多基民连区分基金的类别和真假都很困难。

刀锋在背，不得不战。公募基金的出路只能从产品类型和投资标的的差异化竞争上去寻找，尤其在股票型基金产品等权益类的资源禀赋上。银行大多受限于风险偏好，股票等权益投资并未能放开手脚，难有拿得出手的历史业绩，这一点在部分"血统纯正"的银行系基金公司身上也有所体现。

另外，个人客户在波动频繁的净值化产品面前，接受度显然不如见惯了"大风大浪"的基民。基金公司的产品业绩低于心理预期可以认，银行产品达不到预期则会觉得不正常，如遇大的亏损，局面可能难以收拾。

资管说到底还是靠人来管理，并且管理的是别人的钱，起决定性作用的还是管理人的能力与品性。暂不论股权激励、事业部制等激励机制的成效，公募基金多年来在人才挖掘、聚拢这一点上要强于银行，这点从银行与公募之间的人才流动大多为前者流向后者的单向流动中便不难发现。人才优势是公募基金整个行业和单个公司的核心优势所在，成熟的市场化的薪资福利体系、完备的职位岗位上升通道，这些可能是若干年内公募基金所能够领先的因素所在，但这些二十年多来积累的资源能够领先多久，要取决于银行资管子公司自身的努力，否则对于公募基金行业来说，可能也就是又多了几家银行系基金公司而已。

不过，对于投资者来说，不论机构还是个人，应当乐于见到这种竞争格局。一方面，唯有真正拥有投资管理能力的资管机构才会脱颖而出。另一方面，代客理财领域的竞争越激烈，"受人之托，忠人之事"的受托文化才更容易被管理人铭记。

4. 公募子公司净资本受约束，影响有多大

注册资本偏低与资产管理规模过高之间的矛盾，一直令人为公募基金子公司的发展捏了一把汗，这一局面有望要发生改变。《基金子公司净资本约束征求意见稿》指出，今后基金子公司净资本可能需要达到以下四项指标：①净资本不得低于1亿元人民币；②净资本不得低于各项风险资本之和的100%；③净资本不得低于净资产的40%；④净资产不得低于负债的20%。这意味着一直以来不受净资本管理的基金子公司会走进受限时代。

针对现阶段基金子公司的业务开展异常灵活，受限少，但相对风控及投资管理人才不足的窘境，参考银监会对于信托公司的净资本约束，监管层用净资本相关指标来管理业务狂飙突进的子公司，可谓抓住了问题的核心。自 2012 年 11 月份第一批基金子公司诞生，基金子公司管理规模从无到有，"到一度近十万亿，不过数年光景"，速度数倍领先于几枯几荣的信托业，"万能神器"之称逐步坐实。

在业务模式类似的资管机构中，信托、券商资管均受到风险资本和净资本管理限制，但基金子公司却仅有《证券投资基金管理公司子公司管理暂行规定》中注册资本不低于 2 000 万元的限制，着实令人艳羡。从根本上说，基金子公司管理规模的狂飙是得益于近几年来我国泛资产管理市场的快速发展壮大。众所周知，基金子公司管理规模大多来自通道业务，即通过出借自身牌照，将外部资产（银行资产为主）以产品合同形式在公司内履行一个流程，以实现信贷资产的表外化。基金子公司并不直接参与该业务的资产管理，也无须主动、系统地进行项目开发、产品设计以及风控安排。理论上不承担风险，收益也相对微薄，但是架不住量大。很显然，基金子公司拓展这一模式受益于净资本不受限，而同类型"竞品"则做不到。因而基金子公司通道模式得以乘数级放大。这也间接导致了近年信托人才的流失，整个信托团队跳槽至基金子公司的现象也并不鲜见。

但随着行业内同质化竞争、"价格战"的日趋激烈，基金子公司的发展遭遇瓶颈，这必然会倒逼基金子公司对企业发展做战略性思考。很可能就是一个让基金子公司从"价格战"当中脱身，去做自己原先最擅长的事情的契机。至于因净资本受约束，基金子公司会不会因此走上和信托公司一样的发展道路，包括不成文的刚性兑付旧习，倒是另外一个令人颇为感兴趣的问题。我国并没有任何法律条文规定信托公司要进行刚兑，指望因净资本受限之后很可能要大举增资扩股的基金子公司来延续刚兑比较难。

问题一：分不清公募与私募怎么办？

简单来说，公募为核准制，资本市场二十年，目前仅一百多家，牌照是证监会下发的，有公开募集资质，一元钱起；私募是备案制，目前在基金业协会登记过的有两万多家，产品只能面向特定客户群体募集，门槛一百万元起，未备案的山寨私募也有很多。

问题二：公募近十年发展如何？

公募行业作为资管行业的标杆之一，运作透明、管理规范与受监管之严，向来为业内所公认，可以说是监管最为严格的资管领域。管理规模虽然早已经超过 10 万亿元人民币，但是其中"半壁江山"是货币基金，股票、基金等能够体现基金公司主动管理能力的产品增幅还有较大的提升空间。

问题三：ETF 到底是什么？

交易型开放式指数基金（Exchange Traded Funds，简称 ETF），是一种在交易所上市交易的、基金份额可变的一种开放式基金。投资者既可以向基金管理公司申购或赎回基金份额，同时，又可以像封闭式基金一样在二级市场上按市场价格买卖 ETF 份额。不过，申购赎回必须以一篮子股票换取基金份额或者以基金份额换回一篮子股票。ETF 基本都是指数基金，不仅有规模 ETF，同样也有行业 ETF、风格 ETF、主题 ETF。

问题四：为何不建议买股票或者股票型基金，而建议买 ETF？

因为选股票难，选股票型基金不见得比选股票容易，而且与基金经理、基金公司的操守密切相关，而指数基金（ETF）则不存在这种问题，投资者大致都可以抓到一个所在板块的平均涨幅，只要有涨幅的话。

问题五：资管新规是否利好公募基金？

资管新规鼓励资管机构推出净值化产品，打破刚性兑付。这对于银行、信托等金融机构来说，得有一个适应的过程。但对于公募基金来说，丝毫不存在障碍，因为已经净值化运作二十多年了。过往的多种混业经营乱象，随着资管新规的落地，失去了生存空间。因此，当然是利好公募基金的。

问题六：资管新规对散户会有哪些影响？

以往那种报价型刚兑的产品将会绝迹，产品净值化运作将成为现实，这意味着风险级别稍高的产品有可能亏钱。如同现在大家接受买股票、买基金是有可能会亏钱的一样。部分机构也必须直面市场，争夺客户。

问题七：基金子公司指什么？

业内俗称"基子"，一般指公募基金的子公司。其主营非标业务，即不在银行间或交易所市场交易的债权性资产，不像股票、债券那样有一个公开集合竞价的底层资产，产品名称一般是专项资产管理计划，募集门槛是一百万元起，与之最为相似的是信托公司的集合信托计划，无论底层资产还是募集门槛，都差不多。

问题八：净资本受约束是什么意思？

券商、信托、银行做业务，管理规模一般要与资本金挂钩，都设有一个监管比例限制，但之前"基子"是没有的，因而它能够凭借这个优势进行低成本竞争。而其注册资本偏低与资产管理规模过高之间的矛盾，一直令人为其捏了一把汗。新规落地，"基子"将回到同一起跑线。

（二）私募基金

1. 你了解私募的募集吗

目前，私募募集新规主要体现在募集必须依托取得基金销售资格的主体，由后者来承担合格投资者甄别责任。在募集流程上多了两个程序：一是约定设置不少于 24 小时的投资冷静期，销售机构在冷静期内不得主动联系投资者，之后，由销售方非募集人员回访投资者，并与投资者进行确认，客户在回访确认成功前有权反悔解除合同，拿回投资款；二是关于合格投资者的认定，与以往投资者只要掏出 100 万元，最多签署一份个人承诺函，承诺自己是合格投资者就可以购买私募产品不同，新规要求客户须提供资产证明文件或收入证明，其中个人投资者要求金融资产不低于 300 万元，或者最近 3 年个人年均收入不低于 50 万元，对机构的要求是净资产不低于 1 000 万元。这两个流程均会延长募集发行时间，客户行为的不确定性大增。

继业内首家完全由自然人发起成立的公募基金公司（汇安基金）获批，让人感叹意义深远之外，首家私募系公募基金——鹏扬基金管理公司也已获批，亦是里程碑般的大事，其股权结构颇为引人注目：脱离公募后个人创业的前华夏基金固定收益总监杨爱斌占比 55% 控股，另外一家上海私企持股45%。有了基金业协会备案的私募资质并不够，终究还是让自己成为持牌金融机构的一员，方能赢得社会层面更多的尊重与认可，业务受众自然也会有天壤之别。

其实在此之前数年，早已有多家知名私募递交过公募设立申请，如愿者甚少。能发起设立一个公募基金，有股份并担任高管的人才，一般不会去干私募，公募的平台已是一番好天地。更何况如今两万多家备案私募，能让投资者记住并买账的并不是太多，历经几轮牛熊，不少早已湮灭。私募运作中的不规范，还有其他一些在牛市中看不出的问题，在弱市里都可能显现乃至被放大。一个无非是多挣还是少挣，一个是盈利还是亏损，投资者的感受自然有天壤之别。

纵观国内资管行业的发展现状与市场竞争格局，不难得出监管越严格却越能得到社会和投资者认同的结论。决定行业声誉的，往往是"品行"最差的某几家机构。从这个角度看，迄今最严的募集新规可能会对行业活力有所限制，但必将对行业生命有所保障，能够促进行业更好、更长远地发展。

2. 什么是私募监管公募化

2017 年 8 月，国务院发布了《私募投资基金管理暂行条例（征求意见稿）》（以下简称《意见稿》）。《意见稿》对私募基金管理人在人、财、物及制度与其业务的匹配上提出了更严格的要求；在投资运作环节，私募从业者做投资也得和公募一样事先申报和事后登记；在信息披露环节，不仅强调要及时向客户披露基金财务状况、收益状况，还要求档案保存时间从 10 年延长到 20 年。《意见稿》提到"登记后 6 个月内未备案首只私募基金的""所管理的私募基金全部清盘后，12 个月内未备案私募基金的"，都要予以注销。此前很长一段时间内，国内始终没有明确私募基金的法律地位，也没有制定相应的监管制度。没有法律的保护，全凭当事人的市场信用，因此私募基金管理人欺诈客户等侵害委托人利益的行为时有发生。但即便是借

《信托法》运作的信托私募产品，也是颇为"精神分裂"，因为私募证券基金的本身属性是投资股票、权证、期货这类直接融资方式下具有高收益、高风险的金融产品及衍生品。而信托公司归属银监会监管，而银监会的监管框架显然更适用于间接融资方式下的低收益低风险金融产品。

自 2014 年《私募投资基金管理人登记和基金备案办法（试行）》发布后，私募基金随之也迎来爆发式增长。迄今在中国证券投资基金业协会登记的私募基金管理已超两万家，管理规模一路赶超券商、保险和公募。不过与此同时，《私募基金募集行为管理办法》《证券期货投资者适当性管理办法》"新八条底线"等监管文件密集出台，合格私募的审批愈加严格。

除了监管部门的监管之外，自律监管也是私募基金监管的重要组成部分。自律监管虽是必须，但显然更着重于对投资者的资格限制，默认投资者有相应的谈判能力来对私募基金的运作进行约束，对信息披露程度要求也较低。业内公认，在金融自由化程度高、金融体系发展完善的经济体中，对私募基金的监管可以相对宽松，可以更多地体现效率原则。但在金融开放不久、金融自由化程度低、金融体系不完善的经济体中，对私募基金的监管则适用安全原则。对于后者，自律更多，乃至通过他律来出现也就不难理解。无论对于存量私募，还是增量资金，真想做事，这一挑战必须面对，私募监管公募化已成趋势。

（三）权益基金

1. 从若干权益基金的热销说开去

权益基金的热销背后说明市场上并不缺钱，缺的是有好口碑的资管产品。一般正常、谨慎的投资者显然不能接受虚拟币、P2P 等投资，但又难以达到信托、私募、股权等动辄百万元起的起始门槛。此外，房市在"房住不炒"的大环境下趋稳，投资者无须再为房价飙升而烦恼。而接下来的一轮前所未有的大盘蓝筹股行情，也令早已习惯不是"中小创"的票不挣钱这一逻辑的多数普通投资者措手不及，很多投资者一年下来不但不挣钱甚至被深套。而钟情于价值投资，敢于重仓追求相对业绩的公募基金在大盘蓝筹股行情面前，则更易发挥优势。两者业绩一对比，投资者就得出了"还不如交给专业机构投资者打理更为省事"的结论，权益类基金得以热销也就不难理解。

权益类基金热销，亦可以视为整个公募行业在弱市之际，于股基等几大传统权益类"主业"上取得的难得突破。况且，占比超半壁江山、本质属性是流动性配置的货币型基金，早在 2017 年底已被剔除出基金公司规模统计口径，说明监管层已经帮整个行业下了决心，舍弃对货基的依赖。

众所周知，权益类基金运作最大的关键点在于人，在于基金经理与研究力量的优劣。投资与研究没有捷径，但是需要时间。不过基金公司的股东、管理层能给基金经理的时间一般不会超过两年，至多三年。基金经理的焦虑跃然纸上，往往不肯再与这种焦虑纠缠。这一点相信公司管理层与股东并非不知情，但是否有心改进，还是心有余而力不足，一般三五年后风格立现，口碑在行业内外开始成型。因而一直以来，基金公司是以投研为核心，还是以营销为核心，代表了专业化与商业化两种不同的价值取向，前者的成功也许到来得要晚一些，但理所应当地更为持久。而后者也并非就一定没有出路，毕竟大部分的散户与基民，需要的是收益率要跑赢通胀，又比同期银行利率高一些，但同时风险又不是太大的非权益类产品，而这类产品对于投研水准的要求相对温和，再倘若有幸抓住了若干移动互联网生活场景的风口，很有可能再现一个其他类的"余额宝"。但那种权益与非权益类产品全线溃败，最大的投入却只在营销的基金管理人，长远看显然没有成功的可能性。

过去十年间，QDII、ETF、分级基金等创新产品均一时大热，但大多囿于市场表现或合规限制而挣扎在边缘化的境地。虽然首批公募 FOF 基金已经获批并顺利募集算一个好消息，但选基金这种事将来也可以交给机构管理人。

2. 基金抱团：抱还是不抱

刚刚过去的 2020 年虽然颇多坎坷，但对于公募基金行业来说，无疑是应载入史册的年份。整个行业凭借赚钱效应，硬是使得"炒股不如买基金"这一"箴言"第一次真正走入人心，尤其是年轻基民的内心。爆款基金层出不穷，比例配售屡见不鲜，依据已全部披露完毕的全部公募基金 2020 年四季报，年底整体公募基金（各类型均纳入统计）规模已经一举突破 20 万亿元大关，刷新历史规模最高纪录。相较 2019 年底公募基金整体 14.8 万亿元的规模，2020 年一口气增长了 5.36 万亿元。又一次见证公募基金规模历史的同时，年度基金盈利也首次达到 2 万亿元，两者相辅相成，但后者的意义无疑更为重大与深远。

但凡资管产品的高光时刻，都是伴随着亮眼的业绩。一只只"翻倍基""绩优基"，将"专业研究创造深度价值"的投资规律展现出来，也从底层结构上重塑了 A 股的价值观，过往一些资本市场的沉疴顽疾也得以在无形中消解。数千只股票，名门优质，前途灿烂；炒差博烂，死路一条，最终促进 A 股投资的正向循环。

在 2021 开年第二周大跌之前，以贵州茅台为首的核心资产股，一路涨势如虹，越来越受认可；各行各业的核心股，也被冠以茅台称号——"猪茅、油茅、奶茅、水茅……"，更有大 V 将各行业核心资产编出"茅 20""茅 30"。除此之外，几无投资必要。

但恰恰也正因为此点，2020 全年一直迄今，围绕机构抱团的争论就没有停止过。因为"茅 20""茅 30"的背后，是以公募基金为代表的众多机构的坚决买入与一路持有。此刻，"茅 20""茅 30"与机构之间呈现一种互相"成全"的互动，一边是核心资产股价的不断上涨，一边是基金业绩的不断飙升，反过来又吸引了更多的新资金入市，加仓之后"接着奏乐接着舞"，皆大欢喜"众乐乐"的牛市也不过如此。这时，投资一旦偏离这些"茅"，往往就会很危险，非但不挣钱还很可能亏损。投资在这一刻变得十分简单，拾"茅"而上即可。那么此刻，作为一个新入场的投资者，如果觉得时机恰当自然没有问题，但如果感觉心仪标的已经很贵，是硬着头皮跟风买入，还是冒着浮亏的风险去建仓次优但不在"茅"的标的呢？倘若这钱是自己的还好说，假如这钱是代客理财的机构募集而来，被业绩压力与职业声誉束缚的投资经理，又何以自处呢？从这个角度去看，我们对于基金抱团才会有更深的理解。

随着理解的加深，围绕基金抱团的问题也变得简单，可以归纳为三大问号：算不算抱团？能不能抱团？不抱团行不行？我的观点是不算、能、行。

不算是因为我们所认为的抱团，在基金经理看来，很可能只是价值投资预期一致性造成的结果。成熟如美国股市，买微软、买苹果、买特斯拉，算不算抱团？别人不算，这么多年来涨幅也是惊人，没有人觉得哪里不对，为什么同样逻辑到了 A 股的就叫抱团？此外，暂不论对上市公司是否有"同进同退"的捆绑效应，但不存在对机构个体的"退出威胁"这一点无疑是肯定的。

既然不属于抱团，能不能抱团也就迎刃而解。你研究得透，你可以早买，我认识得晚，但我觉得现时股价离其真正业绩的体现还早，也可以买。只要不是事先通气、有预谋地抱团，不存在同一家机构内部"抬轿子"舞弊的可能性，也不存在被裹挟的盲目跟风。前者会有监管与法律的惩处，后者因为没有底仓，难抗波动，很容易会被打回原形，独尝苦果。大家只是英雄所见略同，投资过程与持股比例又在相关法规、规定的严格限制之内，又有什么不可以呢？股票本身就是处于一个"买的多就涨，卖的多就跌"的运行机制之下，不在"茅"的股票跌跌不休，虽得不到新增资金青睐，存量资金也在卖出的原因，但更多的原因要从行业和公司的基本面去思考。

解答完前两个问号，第三问"不抱团行不行"其实也已经有了答案。2020 年的科技与消费龙头领域的各"茅"，得以天下瞩目的根本原因在于疫情冲击之下的业绩确定性，在那个"更好的"它出现之前，资金的确很难跳出来介入到新板块去做配置。对比 2015 ~ 2016 年股市暴跌之前的安硕信息、全通教育和朗玛信息等总市值偏低的"明星"小票，以及乐视网、东方财富、京天利、鼎捷软件、中科金财等多只后来被频繁集体砸盘，动辄跌停，引发"踩踏惨剧"的所谓机构抱团股，已经完全是两种性质、两种概念的投资行为。但即便如此，一旦股价或市盈率偏离实际价值太远，估值泡沫丛生，也无疑应该审慎对待，"宁愿挣得少，也不能亏得多"。否则，那些先来者会收益最大，拥有随时"开火"（卖出）权，而其他后来者则只能承担股价下跌的亏损，或有囚徒困境之下，还有什么必要去抱团呢？

问题一：权益型基金是不是指股基？热销不是好事吗？

可以这么理解，有混合基金等含股票投资的基金都算。热销往往说明行情起来了，但数百亿规模的单只基金操盘向来不是易事，过往的收益率统计也不乐观。历史经验告诉我们，不少基民自身最初接触权益类产品，往往都是选在一个错误的时刻，在市场高点时闻风买入，在市场低谷时却又难以接受，一割了之，造成资金损失。

问题二：到底应该什么时候买权益型基金？

相对底部区域买入，就是在行情还没起来，人人谈股色变，券商营业部门可罗雀，两市成交量频频地量的时候，坚持定投买入。当然，这是逆人性的考验，知易行难。若看不准买哪只基金以及买哪个板块，可以选择几只代表性指数型基金买入。对于基金公司来说，行情起来之后，对蜂拥而至的基民来者不拒，迅速做大股票基金规模，基金经理操盘起来难度极大，一旦业绩一塌糊涂，势必将损害客户体验，在行业内也得不到应有的尊重。

问题三：牛市密集发行的新基金究竟是否值得凑热闹？

牛市有利于基金投资，尤其是权益类基金发行的好风口、好时机。2020年初，更是出现了一天募集 1 200 亿元，最后比例配售的案例（睿远基金）。但是对于基民来说，此刻扎堆认购，获得高额业绩回报的概率反而相对要低于在底部布局的投资者。另外，对于基金经理本人来说，一旦所管理的基金规模数十倍增加，运作难度必然急剧上升。因而相对于凑热闹，更建议投资者冷静布局。

问题四：到底要不要考虑买基金抱团的股票？

不买的风险是偏离或踏空主流行情，买的风险是不知道基金等机构投资者什么时候撤退，给自己留下"一地鸡毛"。不过股票投资本来就与风险相伴。

问题五：基金抱团股到底会不会跌？

不存在一直涨或者一直跌的股票。基金抱团只是机构一段时间内的价值共识，共识一旦分化或者反转，也就意味着股票走势的不确定性。因而，抱团股当中不存在永恒的牛股，这一点从抱团人气股股价的大幅下跌中不难看出。

（四）散户可投资地方债开启固收市场新篇

2019 年 3 月，第一批在银行柜台销售的地方债面世。期限 3 年，发行利率 3.04%，柜台销售额度 3 亿元的宁波债券；期限 5 年，发行利率为 3.32%，柜台销售额度 11 亿元的浙江债券的两只债销售形势喜人，10 分钟内被抢购一空。另据财政部表示，四川、陕西、山东、北京等也将陆续通过商业银行柜台市场发行地方债券。

乍一看，两只债最受客户群体关注的收益率差强人意，期限也久，遭"哄抢"颇为令人意外。实则不然，受宏观影响，货币市场并不"钱紧"，以余额宝为代表的货币基金收益率长期徘徊在 2% 左右（7 日年化收益率），银行柜台理财收益也是持续缩水，有些已经"破 4"，并且需要客户牺牲一定的流动性。而通过商业银行柜台认购的政府债券可在交易时段内随时买卖，交易资金实时清算，较强的变现能力使得债券看似 3 ~ 5 年的期限，对投资者的流动性要求并无大碍。同时，与国债一样，地方债同样享受免税政策，定价却普遍高于国债。加上相对理财产品、大额存单，地方债投资 100 元起的极低起点门槛，个人和中小投资者、企业等散户对地方债极高的认购积极性也就不难理解。不出意外的话，后续试点各地银行柜台仍将延续这一地方债"脱销"的热潮。

众所周知，长期以来地方债主要通过全国银行间债券市场、证券交易所债券市场发行，面向银行、保险等机构投资者，此次发售渠道的扩容主要源自之前监管政策的调整。2019年3月初财政部发布《关于开展通过商业银行柜台市场发行地方政府债券工作的通知》，明确了地方债可通过商业银行柜台市场在本地区范围内（计划单列市政府债券在本省范围内）发行。在此之前，广大散户，尤其是地方债属地的中小个人投资者，对地方债可谓是仅临渊羡鱼，却不得结网。此规定让地方债客户群体有了新的变化，开启了一个固定收益市场的新阶段，更是一举多得。对个人投资者而言，这是在股票二级市场与银行存款之间，多了一个以往只可远观的新投资品种，收益率与流动性一段时间内也有吸引力；对于地方债发行端而言，除了流动性增强，资金供给压力也随之减轻。虽然当前在银行柜台的销售量可以忽略不计，但"散户"有望在将来的市场份额之中占据重要的一席之地。另外，此前我们注意到，为了解决地方政府的债务逐步到期的问题，财政部允许地方政府发行规定总额之内的债券来置换存量债务，将存量债务中属于政府直接债务的部分从短期、高息债务转换成长期、低成本的政府债务，期待借此缓解地方债务风险，力图在短时间内缓解国内地方政府债务过高的问题，以尽可能小的后遗症使借贷双方化解迫在眉睫的压力，取得了一定的成效，达到了预期。而当前地方债试点在银行柜台向中小投资者销售，可谓是这一政策在销售端的延续与配套。

不过，地方债几无风险，收益率当然也只能差强人意。将来品种可能会进一步扩展，覆盖的范围更广，相应地其收益率提高也会匹配其风险。不过这一风险显然是我们相对可以承受与把控的，比较适合中老年客户。

最后，银行柜台开卖的地方债发行主体是热情"捧场"的散户。希望此举能够促进地方政府的财务管理更加规范化，经济行为更加透明化，以便从更大程度上接受公众监督。

问题一：何为地方债？普通民众之前为何所知不多？

地方债是有财政收入的地方政府及地方公共机构发行的债券，是地方政府根据信用原则、以承担还本付息责任为前提而筹集资金的债务凭证。它是作为地方政府筹措财政收入的一种形式而发行的，其收入列入地方政府预算，由地方政府安排调度。但也不是想发多少是多少，需由财政部等部门审核。由于长期以来地方债主要通过全国银行间债券市场、证券交易所债券市场发行，面向银行、保险等机构投资者，所以普通民众不太了解。

问题二：听说前几年债券暴雷频现，现在参与地方债是否风险过大？

地方债不同于一般企业债、公司债等信用债，背后是政府信用。当前试点的地方债更是优中选优，几无风险，所以无须过多担心目前银行柜台开售的地方债资质，能不能抢到才是最大的问题。

第六章

自己的登机口最远？
那就得小步快跑前进

（一）谈及保险为什么容易让人反感

1. 为什么有那么多人反感保险

　　如果某人，没接到过保险营销的电话，不知道是该感到幸运还是该忧心已经与这个社会脱节。只是每天接一个"请问您是 ×××号段的手机用户吗？"为开场白的保险推销电话，难免会让人心烦。可以说，很多人本不憎恨保险，甚至对保险有一定的了解愿望与需求，只是不良的保险营销引起了人们的反感。在不良的保险营销面前，人们就这样在"不喜欢营销行为"之后，滑向"不喜欢商品本身"的那一端。不良的保险营销行为影响了大家对保险内涵和真谛的正确认识。另外，保险是一种比较特殊的金融服务，具有很强的契约性，几乎所有的保险产品都表现为一种措辞严谨、内容专业的标准合同条款。其基本条款和费率一般都由保险人事先拟定，不仅充斥着大量晦涩难懂的专业术语，而且背后体现着与一般民事法律关系和一般经济合同不尽相同的保险基本原理和行业惯例，这使得即便你跨越种种怀疑与自我肯定、否定几次三番之后买了保险，却往往发现自己已经处于相对不利的地位。

　　作为客户，总是希望花最少的成本换来最大的保障，但保险公司总希望花最少的成本换来最大的利润。因为保险是一种以盈利为目的的商业活动，这点上和其他从事生产经营的企业没有任何区别。所以，真到需要保险派上用场的时候，索赔费劲，客户的诉求也难以如愿。这样一来，保险的口碑可想而知。所以，在大多数人看来，花钱买保险并没有带来心安，没有带来即时和明显的心理与精神上的收益——以后有保险公司保障我的利益。因此，人们对于大多数的保险营销行为并不接受。保险公司需要先把承诺兑现，把口碑搞好。

相对于银行和证券来说，国内三大金融行业跟世界上发达市场经济国家金融体系相比，保险业跟国际上的差距最大。虽然保险业起步最晚，保险产品的内涵及使用价值与银行、证券产品也有较大的差异，但这不能成为理所当然的借口。

2. 你听说过保险"赔审团"吗

"理赔难"是保险业一直以来被消费者广为诟病的痛点，似乎有望通过"赔审团"机制得到改善。

2018 年 3 月，5 000 余名"赔审员"在 24 小时内就某一在购买重疾险之后不久罹患重病的客户该不该给予赔付给出了确定结果。这是国内保险首次由赔审员决定是否理赔，而非保险公司说了算。赔审团由蚂蚁保险"宝贝守护计划"赔审员与信美人寿相互保险社会员共同组成，完成有关保险争议案件审议，这一制度成熟后还将复制到蚂蚁保险平台上的其他保险业务。

赔审团这一机制设想的落地，宏观上得益于互联网大环境的开放性，微观上阿里平台的技术和场景功不可没。在透明、公开的环境下解决争议，消费者个体层面理赔难、维权成本高的先天弱项被得以救济，获得了更为平等的话语权。同时，也帮助以往有如面纱遮面的保险机构从消费者角度出发来提升产品和服务，客户有望获得更为省心、简单的体验。

赔审团的出现，有望助力保险业改进之路。当然，赔审团自身裁决得到广泛尊重是前提，赔审团的裁决是否源自一个理智并且充满自信的过程，可以显著影响人们对裁决公信力的看法。这并不容易，除了需要民众的支持与更多的参与，赔审员自身需要不受情绪轻易左右，能够理性评议，本着良心，不偏不倚地行使赔审员的裁判职责。万事开头难，好在我们终于等来了这个良好的开端。

3. "相互保"瑕不掩瑜

每个人小时候几乎都有过全中国每人给我一毛钱，就会变成有钱人的想法。如今这个想法借助支付宝这一金融科技平台，有望在一款保险新品——"相互保"① 上面实现，并有望被其他金融科技巨头乃至线下其他保险公司实体照搬开来。

作为互助共济型健康保障服务，相互保令人耳目一新也是异常实惠之处在于：芝麻信用分650分及以上的用户0元便可以入保，在他人患病时才参与费用分摊，但单一出险案件，每个用户分摊金额不会超过1毛钱。美中不足的是额度稍显不足，年龄在30天到39周岁的成员保障金额为30万元，年龄在40周岁到59周岁的成员保障金额仅有10万元，但是相比0元的门槛，单笔出险时一毛钱的互助"慈善"付出，可谓极其公道。上线一个月即突破2 000万人加入，这在传统保险是令人瞠目结舌，难以置信的成绩。

这一保险新品可能会让部分传统保险客户感到难以置信，也令长期以来对商业保险抱有警惕的人将信将疑。其实，这一"风险共担、互助共济"的互助模式才是保险的本源。所谓保险，实为保障，遵守契约精神，按照实际损失来分摊，而非预先按照概率来付保费，更贴近保险本义。但这种朴素的想法为何以往难以实现，而现今可以面世，主观上缺失互联网思维，

---

① 注：2018年11月27日，相互保已更名为相互宝。并为与保险区分，相互宝为一款基于互联网的互助计划。

客观上没有金融科技、数字经济做桥梁是主要原因。

众所周知，传统重疾险有一定门槛，以同样 30 岁男性 30 万元保额为例，每年要缴的保费在几千到上万元，而相互保则大大降低了普通用户能够享受重疾保障的门槛，帮助这些原来被拦在门槛外的用户了解为健康投保的意义，有助于保险国民教育。当然，对于部分用户来说，相互保的保额是不够的，因此相互保只是一种补充，更多的是覆盖传统重疾险服务不到的用户。另外，相互保在透明性方面经得住指点，除了收取 10% 的管理费，用于分摊金额收支、案件调查审核、诉讼仲裁公证、项目日常运营维护等方面，以保证项目持续运作外，每月两次公示日，公示当期出险案件并接受全员监督，另外引入区块链技术，保证公开透明，记录不可篡改。后续争议案件处理也将延续之前信美相互社区宝贝守护计划中的"赔审团"制度。这么来看，相互保是一款介于赠送险到商业险的中间型产品，既能普惠大众，又能培育用户，对现有的基础健康保障形成有益补充。在利用互联网思维模式创新，利用互联网技术提升运营效率，相互保让大病健康保障惠及更多人。而相比传统投保方式，操作更是十分简洁，只需寥寥几步：打开支付宝，查看自己的芝麻信用分，找到相互保入口，点击签约即可，整个用时不会超过 3 分钟。

同时，相互保的出品方——信美人寿[1] 相互保险社，是目前国内唯一一家持牌相互制寿险试点单位，与传统保险公司关键区别在于出险后并非公司赔付，而是由所有成员直接共享分担，因而称社，而非保险公司后缀。保险收费透明，管理费是总赔偿额的 10%，不存在为股东谋求高额利润。这使得以往保民每年要缴数千到上万元保费的负担有了从根上消除的可能，这显然是相互保险社借助金融科技与数字经济联手改造保险行业的一次重大尝试，其教育和认知对整个保险业有很大的意义。

---

[1] 因监管原因现在信美人寿不能以"相互保大病互助计划"的名义继续销售《信美人寿相互保险在相互保团体重症疾病保险》。

相比数十年来的传统线下保险，相互宝也存在着自己的弊端，例如开团门槛330万、等待期三个月、芝麻分650以上等门槛；参与人只能获得一次赔付、成员隐私需要展示6个月、当单个案例分摊费用低于1毛钱，赔付案例的数目就会同时变大等短板；虽然10%的管理费的确不能算高，但相互保这个项目最终的费用支出，还得看最终有多少人能够获得赔付。

首例被公示同意互助的案例如下：2018年11月，初一女童因意外摔落致脑部外伤，并于2018年11月18日在上海交通大学附属新华医院接受了手术，符合等待期内意外致病申请互助金的条件。第三方调查公司经过对成员本人及家属面访、事故发生地及医院走访后，进一步核实情况属实。为确保信息公开透明，公示还出具了医疗诊断证明、出院小结、手术记录等信息，并对资料进行了区块链存证。根据规则，公示期三天，无其他成员对该申请提出异议，这名女童顺利于12月底拿到了互助金。

但是，加入相互宝也并非就此可以高枕无忧，加入相互宝后发生的病例，也存在互助被拒的风险。同时，从参与者实际感受来看，也有分摊额度越来越高的体会，每期分摊额度虽然只是从一开始的3元多上升至目前的6元多，但是，增幅比例却接近一倍。

问题一：理赔难让保险行业雪上加霜？

毕竟保险是一种以盈利为目的的商业活动，这点和其他从事生产经营的企业没有任何区别。对于相当一部分用户来说，保险理赔之难，与当初购买保险之易，形成强烈反差。加上部分不良业务员的误导，在很多人看来，花钱买保险并不能带来心安，不一定真的能实现其保障功能。

问题二：为什么说保险赔审团的引入是个良好的开端？

赔审团最大的意义在于，遇到争议案例，由赔审员决定是否理赔，而非保险公司说了算。这是对保险业一直以来被诟病的最大痛点"理赔难"的直击。依赖于金融科技的赔审团机制，有别于司法仲裁、诉讼、行政投诉等传统消费者维权手段。几十万名赔审员在很短时间，线上可以对某一案例该不该给予赔付立马给出确定结果，这无疑把以往最令人困惑的过程"透明"到令人"非常舒适"。

赔审团机制下，即使最终未获赔付，部分客户的诉求看起来没能得到满足，但众目睽睽之下，却大多可以心服口服。这里面也反映出一种当代商业思维方式的转变：商业机构把用户仅作为博弈的对象，就不会有赔审团。而只有在把用户当成利益一致方，大家利益一致的时候，才会有赔审团的出现。

问题三：相互保优点这么多，是否建议购买？

严格意义上来说，相互保其实并非购买，而是参与，人均分摊不过每月数元，可获得从 10 万～ 30 万元不等的互助保障。一家四口全部参与，每月也不过总共分摊十元左右，既保障了自己，日常也献了爱心。

问题四：相互保的优点与缺点？

优点：芝麻信用分 650 分及以上的用户 0 元便可以入保，在他人患病时才参与费用分摊，但单一出险案件，每个用户分摊金额不会超过 1 毛钱，等。

缺点：开团门槛 330 万元、等待期三个月、芝麻分 650 以上，等；参与人只能获得一次赔付、成员隐私需要展示 6 个月、当单个案例分摊费用低于 1 毛钱时赔付案例的数目就会同时变大等短板。

不过相互保现已更名为相互宝，脱离商业保险范畴，成为互助计划，各项要素大体相同。

（二）关注银行的成长

1. 民营银行展业是一个生态系统

上市公司对民营银行的追捧由来已久，除了一些金融集团本身暂未涉及银行版块参与者的收集冲动，迄今至少有 50 家上市公司发布过公告称拟进军民营银行。同时不少省市级政府在民营银行申请设立过程中也是忙前忙后、不遗余力，多与政绩考核挂钩。截至目前，已有多家民营银行获批开业。天生具备创新基因的民营银行沐浴着政策春风，可谓在一片看好声中呱呱坠地。

当喧嚣过去，我们细察之前已经展业的民营银行，以前海微众银行等为代表，在具体产品的上线和推广上，并不及预期般蓬勃。多项业务推进艰涩，几家试点行甚至一度被世人淡忘。以微众银行的"微粒贷"产品为例，得微信一级入口之利，年利率竟高达 18.25%，远超股份制银行同类产品，而民营银行备受期待的惠民价格优势此刻荡然无存，不禁令人错愕，夹杂些许失望。实事求是地说，过去很长一段时间，有银行牌照好似有聚宝盆，的确容易挣钱。但在行业整体遭遇困境的情况下，"躺着赚钱"的时代已经一去不复返，国有银行的利润增速均出现不同程度停滞的今天，民营银行要想逆势而上，孤军突围，并不容易。

传统的银行业过度依赖息差盈利的路径依赖难以为继，是当前的共识。资金成本上升、融资脱媒加速进行、资产不良率回升、盈利增速大幅下滑等，预示着银行业高盈利的黄金期即将成为过去。危机的另一面则是变革创新应运而生，利率市场化加速推进，新的业务机会不断涌现，负债业务趋主动性，资产端多元化。此刻，更贴地气的民营银行的"鲶鱼效应"应当显现，创新在前。尤其要弥补当前银行业在小微金融服务方面的不足，更好发挥金融服务实体的作用。

金融业是一个特殊的行业，它与全社会的各个角落都有紧密的联系。同样，民营银行的发展也不是一个孤立的过程，而是一个政府、企业、社会公众之间进行博弈、利益冲突与协调的路径选择过程。但与其他成熟的大型银行机构相比，民营银行资金实力小、风控能力弱，在制度和保障方面都缺少经验，而且赢得民众的信任和依赖还需要一定时间。新生而脆弱的民营银行若没有一个适宜的金融生态环境来不断供给其生长和壮大的养分和水分，很可能会"夭折"。所以，民营银行的发展实质上可视为全局性的社会问题，通过政府、企业和客户的互动与合作，来实现民营银行的持续健康发展。

民营银行面临的微妙处境还在于，一方面试点的推进和成长需要监管放开空间，鼓励新兴事物不断创新、探路；另一方面，所涉及金融行业的自带属性，又决定了监管不可能任其"野蛮生长"。一切都还在探索阶段，毕竟这种模式是前所未有的，因此对于监管来说也需做足一整套准备。对民营资本进入银行业，我们虽持积极开放的态度，但开放的步伐也是小心翼翼的，迈出的每一步都务必深思熟虑，避免对金融市场乃至全社会产生大的震荡。这既是对民营资本负责，也是对银行的每一位客户负责。

此外，我们注意到，当前我国银行业向民营资本开放，仍然停留在探索阶段，甚至依据的规范性文件主要是国务院和银监会的行政文件，缺乏应有的法制保障。银监会对试点民营银行的批准更像是一种"特事特办"。可喜的是，已经出台的存保制度等措施表明，监管层在试点运行的过程中也在边探索边完善，逐步为民营银行的光彩绽放扫清路障。

平心而论，对于民营银行，我们更寄希望于其在小微金融、大数据金融、供应链金融等方面的服务做出特色，而不是走上靠息差盈利的老路。

2. 存款保险，中外有别

该来的总要来。2015 年中国家出台了存款保险制度。大家一直认为银行有国家信用和中央财政作为背书，不用担心倒闭、存款泡汤的观念可能要更新了。一是宏观上要有风险意识，不能再迷信银行不会倒闭，把银行当作一般企业来看待，经营得不好，一样会关门。二是微观上要操作得当，简单来说，就是将大额存款尽量分不同银行存放。

参照目前很多发达国家和地区都采用的稳定金融体系和保护存款人利益的制度固然有诸多可取之处，比如可以将央行最后贷款人职责从机构处置风险兜底的被动角色中摆脱出来，提高国家金融安全体系抵御风险能力的核心作用。但目前有两个关键问题亟须考量。

一是要考虑中国与发达国家的国情显著不同，比如美国普通民众基本上不存款而喜欢消费或投资，最常见的是按揭消费之后按时还贷；而中国普通民众基本上皆重存款，是 15 万亿元活期存款的源头所在。即便现在各种"宝"（实质是去置换了货币基金）风生水起，也只拉走了很少一部分。无论是观念还是实力，蚂蚁搬家还尚需时日。在两个老百姓存款观念有天壤之别的国度，银行倒闭的影响对民众带来的感受同样也有不小的差距。因而，一定要在这两个国度实施一样的存款保险制度，只有从制度设计、周边配套、实施层面去谨慎开展。这也就引出了下面第二个问题。

二是相关制度环境不同，相对来说，国内目前在围绕存款保险职能与监管权、资产处置职能是否可以有效结合，也间接决定了存款保险制度运行的成本。仍以美国为例，美国存款保险制度的发展史实际上是一部立法的历史。美国会计、金融监管、破产等各方面法律的不断完善也为存款保险制度的发展提供了良好环境。此外，在美国制定的基本法律框架下，联邦存款保险公司可发布具体管理规则来对有关原则进行细化，体现出制度建设的灵活性。比如，推出《存款保险条例》来捆绑入上述法律框架，使存款保险制度的运行有法可依；建立健全银行业产权法、破产法、最后贷款人规则等必要的金融法规，从而完善存款保险制度的法律基础环境。此外，联邦存款保险公司建立了与各主要金融监管机构之间的良好信息沟通和协调机制，有权在关键时刻采取及时纠正行动。正是这种监管权、资产处置职能与其存款保险职能的有效结合，保证了美国金融安全网功能的发挥，将大多数金融风险提前消除，降低存款保险制度运行的成本。所以，我们的存款保险制度也应建立在这些具体生态环境的链条之上。

问题一：是不是说银行 50 万元之上的存款都不保险了？

这点您多虑了。迄今还没有比银行更靠谱的资金保管方，即便最高偿付限额为人民币 50 万元，但并不是意味着 50 万以上就没有保障。银行倒闭说明这个银行办得不好，该倒闭的倒闭，该清算的清算，大多数情况都会通过实力方收购承接，这样一来，限额以上的存款就会全面平移到收购方机构，使 50 万元以上限额的存款也能得到实际上的保护。实在不放心的话，也可以多存几家银行。

问题二：为什么说民营银行属鲶鱼？

可以这么理解，民营银行的出生就自带"搅局"的"鲶鱼"基因，更接地气。大多能够主动科技赋能，拿出面向小微企业、"三农"与个人的产品与各类较好的体验终端。这一倒逼，不但促进了整个"银行生态"的发展，也实实在在造福于小微企业、"三农"与个人。

（三）智能投顾到底有多智能

1. 智能投顾的未来

《关于规范金融机构资产管理业务的指导意见（征求意见稿）》第22条对于智能投顾做出了严格规定，要求金融机构运用智能投顾开展资产管理业务，应当经金融监督管理部门许可，取得相应的投资顾问资质。

简单理解，只要是意在销售的智能投顾公司，不管是站在卖方还是买方的角度，不管是向机构还是投资者收取顾问费来作为盈利点，都应持有相应的牌照。

自智能投顾概念进入国内并不断进行演进和发展，热闹纷呈，已经成为业内外和监管层无法忽视的一个现象级事件。毋庸置疑，相比在资产管理行业门槛较高的人工一对一咨询，智能投顾的低门槛、低成本优势明显。丰富的服务、颇为专业的建议、相对客观的决策，对普惠金融，对散户投资者树立正确的投资理念均大有裨益，在国内实属一大片待开拓的蓝海。因而不难理解基金公司、银行在内的传统金融机构，京东金融等的知名互联网金融平台，还有一大批新兴金融科技公司对智能投顾的争相布局。因而对非金融机构开展智能投顾业务进行资格审查，要求必须具备相应的牌照，实为规范。

作为智能投顾行业的参与者，也理应认识到转型已经开始。尤其是多为买方投顾的金融科技公司，谋求与持牌金融机构的合作，向其提供面向机构与散户的投资解决方案，应当是当下一条最具可行性的路径。

自阿尔法狗战胜国际围棋冠军棋手之后，我们对于机器智能在不远的将来在棋牌类竞赛中全面超越人类这一点几乎不存在任何疑问。同样，通过现代投资组合理论等投资分析方法和机器学习，自动计算并提供组合配置建议的智能投顾模式，已引起投资者的广泛关注。

毋庸置疑，我国智能投顾实属一大片待开拓的蓝海，对于传统投顾，可以借此留住老客户、吸引新客户；对于独立智能投顾，更是创业创新。因此，智能投顾成为很多专业机构的重要发展目标，并不奇怪。

但同时我们应注意到，当前我国的投资顾问牌照和资产管理牌照分开管理，适用于不同的法律法规。投资顾问的服务客体是每一个投资者的账户，即账户管理业务，其法律性质为委托代理关系，区别于基金等资产管理业务的信托关系。2011 年起施行的《证券投资顾问业务暂行规定》对投资顾问业务的服务行为仅限于提供投资建议和辅助决策，不包括接受全权委托管理；提供服务的主体主要是证券公司和证券投资咨询公司。

并且对于人工智能的过度依赖，市面上也已经有了迹象，这显然是一件本末倒置的事情。若采用相似理论或算法的智能投顾数量较多，管理资产规模又较大，自动产生的投资组合的趋同性就会较高，很可能会对市场产生助涨助跌的效果，尤其是在股价幅度波动较大时，对市场的潜在影响可能会更大，极易出现小概率事件。

业内有不少人认为，公募基金组合 FOF 将成为智能投顾的主流模式。公募基金的诸多优点，特别是公募基金的交易机制，与股票交易机制相比更适合智能投顾。当然，这还有赖于时间的检验。

实事求是地说，智能投顾业务在国内还处于发展初期，未来还有较大的发展空间以及服务品质的提升空间，对于监管，更是提出了较高的要求。

2. 聊聊线上投顾社区

众所周知，互联网正在加速整个资管行业的脱媒。其所拥有的渠道、客户、用户体验、成本等优势，也正对证券行业的零售经纪业务产生深远影响。其中，作为零售经济业务的一个传统主战场——投顾业务也正面临"生死"抉择。

毫无疑问，拥有网络投资顾问的券商将获得先发优势，不配备网络投顾将面临经纪业务失守的窘境。当然这里面有一个前提，就是对于存量客户，尤其是对新增潜在客户来说，如何解决客户与投顾之间的直联问题。因为从知名度、体验、氛围来讲，一些券商在自己所建的 App 或者微信平台上，获客速度与水准很难如愿，同时券商自建网络终端平台成本高，维护起来也不容易，这便给了当前一些线上投顾社区机会。

以起初无心插柳的雪球网为鼻祖，一起牛、骑牛、牛股王、爱投顾等，都是近些年兴起的线上投顾服务社区，供股民盘前、盘中、盘后在线切磋交流。虽然线上投顾社区大多不能和同花顺、大智慧、东方财富等行情软件一样，直接具有第三方证券交易资格，但通过为这些行情软件导流，同样可以为股民在前端提供行情资讯、多只股票组合交易与投资实时在线答疑、购买固定收益避险类产品等功能。人气聚集之后，自然吸引了各家券商的投顾过来"安营扎寨"，成为股民可以享受投顾实时在线服务的社区。

当然，服务各有目标。投顾的目标自不用说，而相当于给投顾们开了个线上兼职平台的社区的目标在于将这些流量变现，意在从券商经纪业务部门的佣金中分一杯羹。目前通行的做法有这么几种：首先是按一定比例向投顾收取投资咨询业务服务费；其次是向券商收取交易佣金分成；最后是平台帮助推荐投顾的固收、资管、私募、信托等产品给用户，用户若购买，平台按一定比例抽成。而在监管层"适度监管、分类监管、协同监管、创新监管"的定调下，券商投顾依托自身的专业优势，以用户体验为中心，充分利用互联网渠道和技术，积极探索专注于适合自身发展的业务模式，始终在互联网金融竞争中占据一席之地，投顾社区显然也是一个较好的选择，这是一个双赢的选择。平台也有望通过持续提升用户服务黏度，逐步打造成为金融理财服务的开放平台。但站在投顾们的 BOSS（券商）的角度来看，这一平台模式对其传统的投顾线下服务乃至整个零售业务模式都会产生一定的冲击，需要从机制建设、资源整合与投入以及人才引进等方面制定清晰的战略规划。

值得一提的还有境外成熟市场近年来所涌现出不少知名的智能投顾平台。这些平台摆脱了人力终端的智能投顾，或者称为智能理财工具。目前国内也已有一些互联网金融平台开始配置。

对于客户来说，互联网时代，券商投顾业务不再拘泥于电话和短信，它在各个平台，以各种变形的方式来与自己无缝接入，显然值得一试。不过和贴吧一样，线上投顾社区里不法之徒出现的可能性一定会有，这需要股民具备鉴别意识，也需要平台自身的建设，走专业化路线，让用户层次和交流内容愈发有质量，才会让不法之徒觉得来错了地方。

问题一：智能投顾比起传统投顾有什么优点？

毋庸置疑，相比在资产管理行业门槛较高的人工一对一咨询，智能投顾的低门槛、低成本优势有利于促进我国普惠金融的发展。智能投顾向广大散户投资者提供丰富的产品服务、专业化的投资者建议、客观的投资决策，有助于引导散户投资者树立正确的投资理念。

问题二：智能投顾是正规产品吗？

当前市场上存在的平台当中，不乏依靠"智能投顾"进行概念炒作、甚至别有用心之人，行业内缺乏一个统一的行业标准。监管新规对于智能投顾做出了严格规定，要求金融机构运用智能投顾开展资产管理业务，应当经金融监督管理部门许可，取得相应的投资顾问资质。根据这一规定，此前未经许可、无相应资质的智能投顾均涉嫌违规，相当一部分智能投顾面临下架。

实际上依据我国基金投顾行业"试点先行，稳步推开"的原则，截至2021 年 7 月 9 日，拿下基金投顾试点资质的不过 53 家，其中证券公司数量最多，占比近五成，基金公司及其子公司共有 21 家，第三方独立销售机构和银行各 3 家。具体名单可以去基金业协会官网查询。目前在这 53 家之外所号称的智能投顾，吹得再天花乱坠，也请您千万不要去碰。

问题三：智能投顾靠谱吗？

不可否认，人工智能大致能帮助某个人在某个特定时刻做出不那么糟糕的决策，但对于一些非确定性的任务，尤其是一些需要创造性视角思考的任务则很难。

问题四：推荐的线上投顾社区有哪些？

雪球、一起牛、骑牛、牛股王、爱投顾，都是近些年兴起的线上投顾服务社区，供股民盘前、盘中、盘后在线切磋交流。但是线上投顾社区大多数不具有第三方证券交易资格，但可以为股民在前端提供行情资讯、投资答疑、购买避险类金融产品等功能。

第七章

责任与钱可无关？
利益共同体引领未来

（一）债市不破不立

1. 债券市场违约现象

众所周知，国内信用债市场违约事件已经在自然发生：从利息违约到本金违约，从私募违约到公募违约，从交易所信用债违约到银行间短融、中票"违约"。这一定程度上实现了债券风险定价，并提升和改变了整个债券市场的投资理念，这也说明国内债券市场的违约现象正在逐步被投资者接受。我们承认，违约几乎是任何一个国家债市发展都不可避免的，有高收益、高风险的券种违约，质量高、收益低的券种方有市场。但是有迹象表明，当前信用风险正在加大，信用债违约正在向纵深扩展。尤其是在信用债券的发行门槛降低，众多中小企业加入发行人群体之后，经济下行周期重压之下，债券违约将成为债券市场发展中的常态。仅仅依靠当前配套的违约处置体系，明显力不从心。如何对待这前所未有之景，是包括监管者在内，每一位"踩雷"或者未曾"踩雷"的市场参与者都应该关心的事情。

没有哪条法律规定企业必须刚性兑付，既然是自负盈亏的企业，出现问题之后，就需要市场化和法制化的方案来解决。"买者自负"之后，是"卖者尽责"，双方都有责任与义务来规避和解决好这个问题。对于买者来说，重在预防。债券在其违约之前，信用等级一般都会降至比较低的水平，包括财务状况恶化等因素已经逐渐暴露。如果在这一过程中，买者放任其发展，潜意识里持无所谓的态度，经济下行趋势下，仍执着于企业所在行业或者企业自身的过往或者现状，不采取任何措施，这明显不是一种负责任的态度，尤其是对于那些资金来源于社会公众的专业机构投资者来说。毫无疑问，结合违约的个券进行分析，行业景气度是决定信用资质变化的第一要素。行业恰好不景气的时候，不管它过去的业绩多好，都有可能出现债务违约。其次是买者对于发行人调查的尽职尽责，除了财务指标，对于民企发行人的治理结构、业务布局及产能步伐（盲目扩张规划与否）等都要看；对国企发行人亦不能掉以轻心，需重点排查在当地经济和就业中不占支柱地位或者战略地位减弱、地方政府持股分散、盈利能力显著变差、可变现资产对债务覆盖比例低而待偿债券余额偏高的发行人。

一旦发生卖者违约，尤其是对违约事件债权人保护措施，以及中介机构约束等相关的制度有待细化。债券违约再正常不过，与信用市场比较发达的国际债券市场相比，我国银行间或交易所债市相关制度偏重于极端情况的假设。持有人在大会召开时，往往已是发行人无法按期兑付本息，或者解散、申请破产、被接管、被责令停产停业、被暂扣或者吊销许可证、暂扣或者吊销执照等情况。这些情况一旦出现的时候，发行人往往已经没有可执行的资产来偿还债务，日常对其实质性约束作用有限，债权人的利益很难得到保护。

2. 债市允许违约不代表投资者权益不用保护

债券本身所具有的风险正在为越来越多的投资者所重视，说明以往大家心照不宣地指望有政府现身兜底的思路开始朝现实低头。人们逐渐开始接受债券违约，也认识到债券市场必然会有违约，以往业内外一直呼吁的债券风险定价开始真正初现端倪。这无疑是整个债券市场投资理念的提升。

但是，是否有人注意到，债市多年来没有一起实质性违约，一旦踩雷违约债，让债权人承担损失，给市场风险背书，这倒是一种不见得比以往债券必然刚兑就要好的见解。如果任凭违约趋势继续，任凭违约行业扩延，整体经济该如何应对？会不会最终外溢，引发系统性风险？再者即便债市的主要参与者是机构，能够独立参与债市投资的自然人投资者寥寥无几，但这些机构的资金何来？恐怕大多还是来源于社会大众。特别是那些代表广大个人投资者权益的货基、债基在踩雷后如何自处？如何面对流动性风险，面对基金持有人可能发生的亏损？在发债门槛越来越低的今天，以上疑问显然并非哗众取宠，且有一定的现实意义。

由于我国债市绝对规模大，所以违约债券企业数量相对较小，处于可控范围。但整个债市的各方参与者，都应该从负责任的角度来维护这个市场的健康发展，而不是在由其从一个极端走向另外一个极端。

作为投资者，即债券的持有人，必须更加重视风险，承担自己可以承担的风险，同时做好投后管理，实时审视自身的流动性保障和应对机制，切实防范风险外溢。

众所周知，之前可以发债的都是好企业与一系列复杂的债务链条保障下的金融债和政府债不同，企业债作为单个企业实体的衍生品，即使企业品牌、规模、过往业绩并不差，但在经济下行的大背景下，在诸如矿产、水泥、机械等强周期行业当中，出现少数债券违约也很正常，当前的信用风险也的确多在这些企业中爆发。债市各方参与者正主动或者被动地调整思路，适应新的业态。银行间债券市场"非金融企业债务融资工具持有人会议规程"已然生效，违约债券持有人之间的会议机制得以建立；违约债券的主承销商也面临不小压力，并必然将这一压力传导至违约企业；政府机构也不会袖手旁观，并自"超日债"开始，能够正视与接受这一现实，并开始出手解决实际问题。这些努力都有助于尽可能地减少债券的信用风险影响，保护债券持有人的整体利益。但是就长远来看，这些并不够。

违约事件并不可怕，也并非一定不能接受，前提是建立在与投资者的风险识别与承受能力匹配、债务人的信息披露准确及时，被违约债权人最终要得到合法、公正的赔偿等一系列符合现代经济社会法律、法规以及诚实、信用等公序良俗的基础之上。

问题一：债市从刚性兑付到违约频发，这中间发生了什么？

相比违约，债市刚性兑付其实不正常，刚兑得很"辛苦"。违约几乎是任何一个国家债市发展的过程中都不可避免的，正因为高收益、高风险的券种有违约，质量高、收益低的券种才有市场。这种转变一定程度上实现了债券风险定价，并提升和改变了整个债券市场的投资理念。这也说明国内债券市场的违约现象正在逐步被投资者接受。

问题二：当普通投资者遭遇债券违约后，应该如何维护自己的权益？

通常来说，当前个人投资者还无法参与银行间的债券市场，但可以参与交易所市场和银行柜台市场。后者主要是凭证式国债和记账式国债。

与普通投资者相关的多为交易所债市的企业债、公司债，个人投资者只要在证券公司的营业部开设债券账户，就可以像买股票一样买卖债券。买入债券的投资者首先要打破刚兑预期，要对其有一个完整的信用评价，一旦出现违约情况，要依靠市场化和法制化的信用违约处置体系，密切关注与配合债券发行人在内的各种操作，尽可能挽回损失。

（二）午夜经济与共享经济

1. 凌晨四点的午夜经济学

阿里巴巴曾发布过一份反映中国城市深夜活力的"城市之夜"报告，以移动支付活跃度为指标，分析支付宝、淘宝、口碑、饿了么、优酷、大麦等平台数据，重点对北京、上海、深圳、南京等 8 座城市的深夜消费行为进行大数据提取。这份市井味很足的报告是当下人们夜生活缩景：手机里 24 小时不打烊的公共服务、街头奔忙的小微码商（在二维码上做生意的线下商家）、深夜值守的交通出行、医疗服务等。报告勾勒出的许多深夜城市细节，刷新了我们对熟悉城市的一些刻板印象：北京人睡得最早，上海的朋友夜间行走全国第一，杭州夜间买酒的人最多，南京人最喜欢吃鸡而不是鸭……

夜晚城市"公平"地娓娓道来每个城市各自的个性消费场景，移动支付的深夜热力图的极值和均值显示，二线城市成都、武汉丝毫不输北京、上海。例如，武汉深夜零点的移动支付极值就已基本和上海持平，人均消费金额仅相差 20 元，几无差距。而一个城市的夜宵火爆程度，也从一个侧面反映出这座城市的人气和活力。我们可以从中觉察到二三线城市午夜经济的崛起，说明更低的房价、更高的生活质量，正在让商机悄然发生。

　　而城市深夜的主角之一，数字化经营的码商群体也十分引人注目。网商银行的数据显示，晚 7 点至早 7 点间进行贷款的小微企业已接近白天的三成，高峰出现在晚上 11 点至 12 点，这时大多小微商家已经清点完生意，会根据个人经验，结合当天的销售情况和第二天的天气来申请第二天的贷款。也有接近 8% 的小微码商仍会营业和申请贷款直至凌晨 4 点，国人勤劳的品质背后，是生活之不易，是创业和守业之不易。

　　毋庸置疑，城市夜晚的丰富多彩得益于互联网终端，尤其是移动互联网终端的普及，移动支付等金融科技同样功不可没。因为消费者线下消费场景，迄今还是要受限于与数年前差不多的天气、市政等各项基础条件，但来自线上的金融科技提供了种种人们可以想到或者出乎意料的可能性。否则，"有钱没处花"的痛苦可能会伴随人们度过漫漫长夜。而对于线下商家，尤其是对小微商家来说，二维码等金融科技不仅可以帮助快捷收钱，更是其数字化经营的开始。基于一个二维码商业场景和数据，小微商家就可以享受经营分析、账务管理、理财、保险、贷款等多维的金融科技服务，可谓受益良多。

　　更为令人欣慰的是，人们已经形成的公共服务只能在工作日白天提供的思维定式，也已经在今日同样被破解。互联网+背景下的公共服务夜晚照样可以不停歇，以支付宝"城市服务大厅"为例，水、电、煤气、公积金、社保、违章等各类政务查询已成为深夜城市用户的标配。得益于近年来各城市推进的"最多跑一次"改革，支付热力图背后，是市民在享受城市公共服务不再需要白天上门排队，只需夜间指尖点点。这也说明借助金融科技工具与平台，夜晚正替代白天，成为中国人处理生活日常的高峰时刻。

　　24 小时营业的便利店曾经为人所不理解，但现在人们早已习惯顾客进出门的"叮咚"声，与白天相比更为响亮而清脆。无论一线还是二三线城市，有人就有商机。高质量的午夜经济，不仅是正常经济运行的重要补充，也是展示城市形象的重要元素。在金融科技的助力下，顾客与商家（尤其是小微商家）、公共服务，都将受益于午夜经济，我们所要做的就是如同对待手机软件一般，记得及时自我"更新"。

2. 为何共享单车盈利只能靠提价

天一热，单车出行开始走俏。对已经被共享单车培育出出行习惯的客户来说，近来容易扫码四顾心茫然。以当前最常见的共享单车黄（美团）蓝（哈啰）青（青桔）阵营来说，早些年共享单车几大寡头的单次使用价格就超过了公交车票，如果不买月卡的话，单车价格最高可以飙涨至 4.5 元 / 小时，客户使用成本陡增数倍。月卡、季卡不打折得数百元，再怎么优惠后的组合，也得两百多一年，足够买一辆新车。一边在 OFO 小黄车排队退押金，一边找其他共享单车的优惠，成为用户的常态。难道共享单车已经喜迎"收割期"？

从共享单车群雄并起，制约共享单车行业发展的最大瓶颈在于"颜色不够用"，到多个大城市共享单车"坟场"图片被爆出，无人问津的成千上万辆各色单车废弃现状触目惊心，共享单车市场陡然饱和。共享成为公害，不过短短数年。黄蓝青阵营可谓从商战"死人堆里爬出来"的枭雄。按理说现在开始"收割"，也不能说不对，背后的各路资本投下去，一路煎熬，都在等着这一天。但与共享单车"共享降低成本"的出发点相对照，不禁令人哑然失笑。同时，企业选择的方法也很直接，即直接加价最广泛的刚需用户，而非通过广告投放、替各平台导流等赚取费用，来替用户平滑成本。这也说明迄今为止，除了颜色，各共享单车平台仍无能力或者无暇顾及产品核心竞争力的培养。这一同质化竞争，如同当初尽可能多的投放单车抢占市场份额。这些企业目前除了加价，别无他法。由此看来，共享单车头部平台缺乏创新动力来降低用户使用成本，价格收割仍有互相攀比、愈加剧烈之势。

当初包括共享单车在内的分享经济之所以得到广泛认可，就是因为其可以用较小的交易成本利用闲置资源。凡有人在，皆有剩余；凡有剩余，皆可共享。这一新经济模式为可持续发展提供了极具操作性和变革性的手段，有望缓解能源、环境危机难题，即通过共享，来大规模地提高生产要素及物品的流通和使用率。但现实骨感，不少共享单车平台随后的操作很多背离了初心，资源消耗与浪费触目惊心，引人诟病。还不如一些社区组织居民捐出废旧自行车，统一修缮改造后投放在社区各治安亭，供居民登记使用的模式更具有分享经济特征。

更为令人无语的是，抛去在押金上打主意不说，诸如 OFO 小黄车这样的彼时头部平台，落败前也早有端倪，车辆锈迹斑斑，材质轻薄远不如你自家那不知扔到何处的自行车，十辆有九辆会有各种问题，从车锁没电打不开到掉链子，还往往扫码后才发现，耽误人本就着急的时间。令人怀疑创业者心思全在资本运作上，用户在这一刻只不过成为其引资白皮书里面的一个数字。同时资金紧张，并无半分钱可以拿出来照顾用户体验，大有"捞一把跑路"之势，后来事实也证明确实如此。

时至今日，共享单车市场应当说好不容易迎来尘埃落定、玉宇澄清之时，多数重点城市的共享单车市场开始进入有序、规范发展阶段，从信用免押金到 App 强制规范停车区域，可以说终于迎来了市政监管、用户与平台都希望看到的局面。无奈最先跳出来"迎接"用户的，却是简单粗暴、陡然飙升的用车价格与全然消失的优惠，这使得当初拿出极大的热情与开放的心态尝鲜，扶这些共享单车企业"上位"，助其创始人杀入富豪榜的千百万普通用户，此刻不禁感到一阵心酸，也给历经艰辛回归正途的共享单车行业发展又平添了一份不确定因素。

问题一：现时午夜经济与过往有何不同？

得益于互联网终端尤其是移动互联网终端的普及，移动支付等金融科技手段，现时午夜经济不用再受限于天气、市政等各项基础条件，提供了种种人们可以想到或者出乎意料的可能性；否则，"有钱没处花"的痛苦可能会伴随人们度过漫漫长夜。

问题二：午夜经济的背后是什么？

诸如一个城市的夜宵火爆程度等午夜经济指征，从一个侧面反映出这座城市的人气和活力，也说明二三线城市有更低的房价和更好的生活质量。如何留住和抢夺正在工作的"85后""90后"成为二级城市的焦点。这也就理解了二线城市的"抢人大战"为何愈演愈烈。

第八章

市井百态最经济？
真实来源于准确认知

（一）坊间经济故事

1. 理财教育不嫌早

从自家孩子的教材里看到 K 线图这样的事，今后可能会越来越常见。据媒体报道，《关于加强证券期货知识普及教育的合作备忘录》已由证监会少有地联合教育部一起印发，被网友戏称为"炒股要从娃娃抓起"。备忘录约定，从基础教育阶段开始，教材里会融入更多的证券期货知识。鼓励有条件的地区先行先试。根据澎湃新闻的报道，早在 2011 年，上海浦东 116 所中小学的课堂率就曾经开设金融教育课程《金融与理财》。广州市 30 多所中小学也曾开设金融理财课。此外，更多与投资知识相关的社团活动也将得到鼓励。提升教师队伍金融素养也将是教育部开展的配套工作之一。

从娃娃抓起的显然不止炒股，金融素养的培养是一个系统工程，但我们现在的投资者教育显然只着眼于成人，多为着重亡羊补牢之举，受制于投入资源，国内的投资者教育活动往往缺乏持续性，效果难以令人满意，认识到财商教育从小抓起的重要性，显然是事半功倍的开始。

对于国内的父母来说，再苦再累，赚钱从来都是大人们的事，小孩子除了零花钱，平常没有与钱接触的机会。非特殊情况，更不会让孩子打工吃苦。这一方面我们显然与一些国家将教会孩子理财视为"从 3 岁开始实现的幸福人生计划"差距明显。

在一些西方国家，让孩子学会赚钱、花钱、存钱、与人分享钱财、借钱和让钱增值为主要内容的理财教育，已经融入少年儿童的整个教育之中，使孩子生活在一种具有强烈理财意识的环境氛围之中，让他们逐渐形成善于理财的品质和能力，同时学会如何在日常消费中维持个人信用，树立对信用的珍视。而当孩子 18 岁的时候，父母已经可以和他们探讨上大学的费用问题了。这也为培养造就大批的优秀经济管理人才提供了雄厚的人才基础。很多有名望的人，都是在很早的时候就接受了财商教育。

对于国内部分投资者来说，财商教育大有相见恨晚之感。前几年互联网金融带来的新型网络终端诈骗、非法集资的冲击，从 e 租宝、泛亚到多个 P2P 平台的"爆雷"潮，仅仅归结于客户自身贪婪或傻，显失公平。要求从未接触过银行以外的任何金融机构，且知识构成中缺失经济学板块的客户，能够一眼看出其不合理之处，未免过于苛刻。他们犯错就和我们大多数人在家里短路的电器面前一筹莫展一样正常。对于已经不幸上当的中老年客户来说，绝大部分人在其整个教育生涯体系当中，是从来没有机会接触过金融、经济等知识的。一些在业内人士看来再浅显不过的经济学道理和常识，对于他们来说，就不是那么简单的事，常常会觉得"头脑不够用"。因此，但凡有机会，这中间的教育务必尽早。只要稍微具备相应的常识，靠底层资产的收益率与期限来识破他们庞氏骗局的本质，在业内人士看来也并不是太难。

因而，事后指责身披横幅维权的中老年客户，不如事先有人站出来做青少年的理财教育。"青年队"做好理财教育的基础工作，社会理财认知水平才能大幅度提升，上当才不会那么容易。接触不到正规的金融知识与教育，才会被伪金融机构欺骗。往往越接近财经知识的本质，越对其"高大上"的外表无感。其实应该由正规的资产管理公司去做财商教育，通过陪伴客户，赢得客户信任，从而最终赢得市场份额。

2. 信用卡还款为什么不再免费

自 2019 年 3 月 26 日起，通过支付宝给信用卡还款开始收取服务费。支付宝为每位用户设置了每人每月 2 000 元的免费额度，针对超出部分收取 0.1% 的手续费。因微信支付在 2018 年已对于信用卡还款收取 0.1% 的手续费，所以对于信用卡用户来说，在银行之外的最主要的两大第三方线上还款渠道，已经告别免费时代。同时各行信用卡账单并不一定同时支持两个平台的查询，部分银行的信用卡账单只支持支付宝或者微信单方面查询。这让用户在不方便之余，平添几分失落。

早在 2016 年，针对提现服务，微信、支付宝先后宣布了各自的收费规则。自那时起，信用卡还款收费也在预料之中，只是时间早晚问题。不过相比率先收费和费率刚性、难有减免额度或者积分抵扣的微信来说，支付宝通过积分抵扣手续费、设置一定额度的免费门槛等措施，显得更具"普惠"精神和"人文关怀"，并坚持信用卡还款免费直至本次变革。对于本次收取服务费，业内猜测是成本日益上升之后的无奈之举。根据央行相关规定，支付机构客户日前已经实现备付金 100% 集中存管，支付机构在备付金上获得的利息收入降至为零，极大地提升了支付宝和微信等支付机构的成本。

当然，由于信用卡还款渠道比较多，通过网银或者手机银行转账目前各家基本免费，因此严格来说，即便支付宝或者微信收取更高的还款服务费，对用户影响也有限。支付宝在公告中也表示，如果用户有大额还款，可以选择通过银行网银等渠道免费还款。但是，作为用户个体来说，若不想付这个手续费，有两种方法，一是积攒更多的支付宝积分去抵扣手续费，支付宝积分的来源多样，使用支付宝消费购物、生活缴费、金融理财等皆可以获得积分；二是克服路径依赖，别"偷懒"，虽然目前打开支付宝与打开网银或者手机银行的便捷度和体验感还存在相当大的差别，但面临支付宝这样最后一个免费渠道也开始收费，用户"懒"的代价开始进入付费阶段，还是得找到一个或者数个靠谱的网银、手机银行来替代。不过好在支付宝给每位用户提供了一个每月2 000元的免费额度，意味着每人每月2元（0.1%的服务费）打底，这2 000元的免费额度估计会覆盖相当一个数量级的信用卡还款人群。

但我们需要理解，不管支付宝还是微信服务费收取几何，这一块费用基本属于对银行端手续费的转嫁，并非互联网平台的本意，而是一种成本倒逼。同时，由于手续费这块收入范围广、风险小、风控成本低，已经成为银行营收（术语叫中间业务收入）的重要依赖之一，部分银行甚至有越来越高之势。无论是支付宝还是微信，大大小小的第三方支付平台，所负担的成本越来越高。银行手续费的成本的确可以一直转嫁给用户，但用户体验必然不佳。

央行副行长范一飞此前曾在中国支付清算论坛上表示，要正确处理银行和支付机构之间共同发展的关系。银行特别要着眼于"开放银行"的发展趋势，打造符合各行自身特点的开放发展生态模式。而支付机构要立足自身特点，本着"小额、快捷、便民"的业务定位，深耕长尾市场，做精支付主业。其中的"开放"显然应该成为银行与支付宝、微信这样的支付平台合作的关键词。

3. 坐飞机为什么不能占座

继先前海南航空实现了旅客花800元"座位费"就可以携带宠物坐飞机之后，祥鹏航空日前推出了"一人多座"产品，也就是说旅客除了购买自己的座位机票，还可以额外购买多个座位，额外购买的座位别人不能坐。这可以让空间更加宽敞，也可用来放重要物品或不便托运的行李，相当于购买了"占座票"。购买"占座票"时，占座除了支付机票本身价格，同样需要支付航线燃油附加费。这一消息也引发了一些争议，一些人认为坐飞机还"占座"显然不是刚需，是对公共资源的一种浪费与侵占。

而热门线路、紧俏航班限购都来不及，航空公司根本不需要费心思来多卖座位，何况还要冒着有损其他客户体验的风险。那么，在部分本来就难以满员的线路上，航空公司这一类似"废物利用"的营销手段，显然不能算浪费，反而是节约。从公序良俗角度考虑，航空公司也一定会控制该类产品的售卖情况，非特殊情况一般也不会出现一人包全场的情况。假以时日，售卖情况究竟如何就会水落石出，很可能逐渐被边缘化为一种临时性或阶段性的服务，卖得不好自然就会被取消。而机票旺季，首先航空公司自己就没有售卖占座票的意愿。

实际上需要常坐飞机的旅客，估计已经注意到越来越多的航空公司推出了"超级经济舱"这一选项，这一介于商务舱和经济舱之间的中间舱位，正帮助航空公司在同质化的产品竞争中脱颖而出。市场角逐愈演愈烈，航空公司想保持一定的业绩水准，想立于不败之地，只能仔细思索，更好地部署其收益管理政策和战略，从差异化战略中绝地求生。在这些航空公司看来，推出"宠物票"、出售占座票，都是在力求抓住每一位乘客。这些创新打破了固有的运营模式和惯性思维，是在以敏锐的目光寻找新的市场定位，细分市场和强化服务意识，凸显差异化、个体化和人性化的服务，这是民航服务提升的必要途径。唯有如此，航空公司才能在市场压力不断加剧的大环境下比同行更胜一筹。特别是大部分航空公司早已上市，更应对股民负责，类似创新举动也可以视为在弱市下，对汇率贬值给航空业所带来的负面影响的一种对冲。

实际上，相比于购票环节，消费者在购买飞机票后遇到的问题更多。例如，近期被热议的飞机票退改签费用不合理等问题。由于目前机票市场没有统一明确的退改票规则，有的退票费为票价的 3 倍以上，有的提前很早改签但仍然被收取高额改签费用，有的特价机票只退机建、燃油费。相比较占座票来说，这些条款显然毫无合理之处。

4．上公立医院洗牙有多难

本文前提是上海公立医院或者区一级的牙防所。言归正传，围观我亲身体验的洗牙之旅吧。

第一次，忘记了是个什么假期，想着离家不远的三甲医院总归上班，就去了。门诊大楼整个是关的！只有急诊是开着的。洗过牙的人都懂的，一旦起了洗牙的心，我这也算急茬儿，只能去急诊挂号，可是，急诊处却答复不洗牙！看来非得请假了。

第二次，工作日，反正请假，懒觉睡到九点多去了，挂了号看了上面的顺序号，将近 200 号！好吧，谁叫不早点起来。排队吧，排一天和他"耗"，总该够了。问题是 9 点排到 10 点，大屏幕上叫到 30 多号就似乎停住了，中间一个个无号码的"预约"号加塞，纳闷了，去问护士，答复这是前几天来治疗，然后主治医生预约的。你今天进去了，也可以和医生预约下一次，就不用按号来排了。有道理啊！我是受过高等教育的人，再说在上海，预约什么的最正常不过了，继续等。等到下午近 3 点的时候，估计预约的人走完了，号数明显加快了，眼瞅着快到我了，听到护士在抱怨："本来十几个医生在治疗台子上，现在下班了一大半，剩下的一小半 5 点下班。怎么还有人捂着腮帮子上来，肯定看不完，下面门诊不要让人挂号了啊！"这明显不是患者的问题，是医院机制沟通的问题，我对这些后面挂了号急急忙忙上来的患者抱以同情，明天请早吧！终于叫我号了，总算对得起我排了这么久的队，一个耶字还没来得及耶出口，一个中年女医生，带着张累板了的狠脸发话了："洗牙啊，今天可以在我这里预约，下次来吧"。我晕！转念一想，预约了下次不用排队，好吧，我预约。女医生拿出了本子，问道，你预约哪天啊？这还用问？肯定捡最近的日子预约啊。"最近的有12月的，预约吗？"我还晕，我现在可是穿着短裤T恤啊，还是不死心，一天的队不能白排啊，那就来个12月随便哪个周末的吧，"周末？我们周末不洗牙，你不知道吗？！只有工作日，预约不预约？！"为这破事总不能再请一天假啊，年底忙，也不一定请得下来假啊。看着我要哭了的表情，女医生"开恩"了，"干嘛非要来我们这，牙防所也可以洗的啊！"

第三次，我先百度牙防所，查到所在区牙防所有两个门诊部，就选了交通便利的中心地段的那家。这次我学乖了，打电话过去问要预约吗？周末可以吗？对方答复不用预约，来了就洗，周末开一整天。我心想，这多好，早知道不去三甲凑热闹。电话还没挂，电话里面继续说："不过你要赶早，我们这上了年纪的人多，一般是五点多排队，八点一刻放号，上午下午各六十，一天一百二十个号，一会儿就抢没了。"五点多排队？开什么玩笑啊！我赶紧打另外一个地段偏远的牙防所的电话，答复情况稍微好点，但对方建议最好还是工作日去，周末抢号情况严重。最后我又请了一天假去了，百度路线没地铁，也没公交换乘，总之，跑了老远，才洗成的牙。

5. "马上办"很好，"网上办"更佳

"京漂""沪漂"等来了一个好消息，以往只能回户籍地老家办理的护照、往来港澳通行证、往来台湾通行证等出入境证件，国家移民管理局宣布自2019年4月1日起，可"全国通办"，即可在全国任意一个出入境管理窗

口申请办理上述出入境证件，申办手续与户籍地一致。办理渠道同样多样，可通过国家移民管理局服务网站、App 或第三方平台等方式 24 小时在线办理。第三方平台当中我们最为熟悉的莫过于支付宝了。你可以先在支付宝中找到"城市服务"一栏，点开"政务"选项，显示"出入境办理"。

从"马上办""就近办"到"网上办"的跨越，我们要感谢大数据时代的到来。应当说当前已经没有人怀疑大数据所带来的贡献，除了传统行业，大数据正在渗入各行各业，医疗大数据、交通大数据、公共服务大数据、金融大数据等应用于新兴行业与政务领域。人脸识别等最新 AI 技术更是在一日千里地发展着，信息交流、利用及共享更多地展现。这使得我们对事实的判断，对客观规律的总结方法，以及对数据的看法都正在悄然生变。数据从只被简单地作为一种记账或者计数的工具发展到一种不可忽视的生产要素。从社会治理的视域来讲，大数据的出现，不仅作为一种技术，更将作为一种思维方式突破既有的思维框架和范式，对既有的社会治理模式进行解构，实现管理型政府思维方式的转变，谋求社会的根本变革。可以有效弥补社会资源配置中市场的失效和政府的失灵。有望改变政府通过增设机构、扩充人员、增加编外人员等增量方法去应付问题的被动局面。

"高铁、扫码支付、共享单车和网购"这新发明的背后，是中国较之于当今世界许多国家，在大数据方面具有了超前性发展，甚至较之于发达国家也有较大的竞争优势。这是一个难得的优势，基于此，在支付宝、微信等软件平台的辅助下，"智慧城市""智慧政府"也已经初具雏形。大数据将引领公共部门决策从信息时代、知识时代向智能时代迈进。这同时就要求政府治理在一个较高层面实现"智能化"，以降低整个国家和社会的运行成本。智慧城市中，公共部门将以社会需要为前提，以法律、法规为依据，在客观技术条件允许的情况下充分利用物联网、云计算、大数据分析、移动互联网等新一代信息技术，以用户创新、大众创新、开放创新、共同创新为切入点而开展一系列的智能化决策、政务，造福于民。全国通办、一事通办的底气也正是来源于此。

可以预见，大数据未来会带来层出不穷的创新与数据红利，会促进政府转变思维方式，倒逼运营变革，打破数据孤岛，开发数据价值，同时激发大数据平台的创造性和生产力。大数据在政务治理领域中的应用日益广泛，这对政府来说既是机遇也是挑战，既懂政府业务流程，又懂大数据专业知识的人才应是未来紧缺的。

6. 整治群租

北上广深每年的大学毕业生源，加上永远源源不断、熙熙攘攘来寻梦的各路大军，群租的市场永远不缺客源。交通便利的地铁站附近板块，8 至 15 块一晚，上下铺。一个普通三居室，二房东能装进去 20 张左右的高低床，40 多人共用一个卫生间。

房租跟着房价一直在上升，这是群租最现实的原因，必须要靠与他人分担来覆盖房租成本。目前的房租上升让 2008 年之前买房者拥有了合理的租售比，但房价租金比这一关键数据并没有改善，房租回报率在 3% 左右，而后来的买房者要求的是更高的回报。所以，指望房租下降可能没有现实的土壤。此外，并非所有的空置房都可以进入租赁房市场，拉低房租均价。一些普通的房产拥有者并不需要通过租赁来覆盖持有成本。据《21 世纪经济报道》披露的数字，北京、上海等地户籍人口户均拥有两套甚至以上住房的很多见。其中，只要有三成左右的人士抱着不想租的想法，又没有外部压力迫使其改变这一想法，那么，群租也不会改变。放眼较长一段时间之内，各一线城市与二线省会城市，这些城市拥有更多的各种资源的现实并不会改变，比如，做金融的要来上海，做电商的要去杭州，做娱乐的要去北京等，因此，群租者的数量只会越来越多。

不难发现，因为户籍与财富集聚等原因，大城市户籍人口、已购房群体与外来无房户、低收入打工群体之间已经形成很大的差距。有人认为，房租上涨是驱赶外来者的强有力之手，剩者为王，让低收入者离开。只是，低收入者离开，大城市就可以得到实惠？经济发展质量就能因此好转吗？老百姓衣食住行的各种必需却又并不高端的行当，谁去做？"蚁族"并不傻，所做出的选择往往是适应这个社会的最现实选择，也是适应自己发展的最优选择。所以，即便被"驱来逐去"，他们也会顽强地扎根生存下来。

问题一：父母应如何培养孩子的财商？

帮助孩子认识财富，真实感知财富，必要时鼓励孩子"挣钱"。尽可能早地替孩子准备若干张孩子名下账户的银行卡，或者建一个支付宝、微信账号。在孩子每周完成一定的课业任务之后，可以奖励事先约定的一定数额的奖金，存入其线上、线下账户，这笔财富的支配权交给孩子，引导其与家长共同思考保值、增值的方法。

问题二：财商教育会导致孩子不务正业吗？

不会。没有财商培养，相对更加令人替其未来忧虑。财商培养对于学校教师、家长的相关素养提出了更高的要求。对银行存款之外的股票、基金、信托等金融工具与产品的知识，很多教师、家长本身并未能深入理解，因而也就无法很好地传导给孩子。

问题三：普通信用卡用户还能通过什么方法实现免费还款？

通常来说，使用银行网银，尤其是发卡行的网银还款，不会存在收费困扰，但这需要我们下载银行 App，或者每月登录网银。如果想继续"偷懒"使用支付宝、微信这样的第三方平台免费还款，一是可以使用其免费额度，二是按照这些平台的规则，通过积累这些平台的积分来兑换免费额度之外的收费额度。

问题四：有人说，占座票反映了航空公司的进取心，是这样吗？

不无道理。市场角逐，航空公司想保持一定的业绩水准，只能更好地部署其收益管理政策和战略，从差异化战略中求生。推出"宠物票"、出售占座票，都是在力求抓住每一位乘客。这些创新打破了固有的运营模式和惯性思维，是在以敏锐的目光寻找新的市场定位，细分市场和强化服务意识，凸显差异化、个体化和人性化的服务，这是民航服务提升的必要途径。

问题五：一线城市看病难，反映了哪些经济学原理？

这一问题的经济学本质是有限公共医疗资源之下，叠加城乡、地域分配不合理、公平等原因，导致市场失灵使得公众普遍有看病难、看病贵的焦虑。公众有用最少的钱、花最少的时间来看好病的诉求，而如何用最少的经济费用，尽可能快地解决患者的疾病与痛苦，是医院与社会应当考虑和予以解决的问题。

问题六：一线城市看病难的解决之道？

即便是一线城市，公共医疗资源的提升也是有限的、有滞后性的，应当多从分配不均等结构性矛盾的化解上想办法。例如，社区医院对于小病病人的分流。

问题七："网上办"的本质是什么？

本质是大数据（医疗大数据、交通大数据、公共服务大数据、金融大数据）在政务领域的应用。大数据使得公共部门决策从信息时代、知识时代向智能时代迈进。这要求政府治理的"智能化"与公务人员与时俱进。

问题八：哪些事情可以网上办？

合法合规的前提之下，一切能够"搬上网"的事情都可以在网上办理。在支付宝、微信等平台的辅助下，"智慧城市""智慧政府"也已经初具雏形，

"智慧市民"办事有望实现全国通办、一事通办。

问题九：群租房为什么会游走在灰色边缘？

二房东割裂了物业、居委会与原房东之间的联系，导致外部治理难。内部群租户流动性大、环境逼仄，安全性差，除去房租便宜外，几乎一无是处。公租房、保障房、正规的员工集体宿舍，方是根本应对之策。

问题十：群租的治理现状怎样？

近几年群租问题大有改观。当然，原因有多方面，一者随着房价上升，群租的价格令人难以承受，二房东有亏损的可能；二者地方政府大力治理整顿，加上民众维权意识觉醒，比如上海与重庆。不过部分二线城市有复制这一模式，接过一线城市群租大旗的趋势。这显然对城市管理的长效治理机制提出了新的考验。

（二）浮想联翩

1. 去非洲避暑的经济逻辑

　　每年一到入伏前后，全国就会大面积迎来"炙烤"天气，之前多地气温历史极值也已呈现节节高的模式。行走的"五花肉"们可能已经提前在国内外寻找清凉胜地避暑。根据疫情之前携程等知名旅游平台所发布的过往"暑期出境避暑排行"数据，上海、北京、成都牢牢占据"出逃避暑"城市排行榜前三位，其中数百万中国游客早已开启"海外避暑"模式，不过当中有一个避暑胜地可能出乎大多人的意料，也令人哑然失笑，那便是非洲。七月的东非大草原最高气温一般在 25℃上下，新闻里"非洲小哥哭诉来中国被晒黑，要回老家避暑"，看来并不只是段子。再考虑到七八月份是非洲草原动物大迁徙的最佳观赏时期，在国内热得要死，的确不如带上家人去非洲转转，既能长见识又能避暑。

　　独特的自然资源、良好的生态环境，是避暑城市的主要特点，也是很好的财富。从哲学的角度去思考，非洲经济发展虽相对缓慢，但自然资源与生态恰好也因此得以没有遭到破坏。绿水青山就是金山银山，这是放之四海而皆准的。只不过当前与欧美国家相比，非洲国家长期发展的关键在于国家建设能力。目前来看，非洲国家实现结构转型和长期发展仍面临挑战。

再来看国内的"避暑经济",除了传统的承德避暑山庄之类的传统避暑胜地,一些传统意义上的"老少边穷"省份与地区开始凭借自身的资源与生态优势,开始脱颖而出,甚至出现旅游经济以一己之力撑起当地 GDP 的局面。以贵州为例,近年来,贵州宜人的气候不仅吸引了众多前来贵州避暑的国内外游客,带动了旅游业的飞速发展,更是有力推动了避暑经济的持续发展。该省六盘水市过往有着"煤都"之称,当前正朝着以发展体育加旅游业为主的"凉都"转变,已经小有名气。通过举办马拉松、高山滑雪、雪地摩托、雪气垫、雪上飞碟等运动项目,将"冷资源"变为"热经济"。省会贵阳更是当仁不让,凭借"全国最佳避暑旅游城市"这一称号,有效拉动了整个城市经济,带动旅游、会展,乃至房地产的强势崛起。

与此同时,有一些后天因素造成气温常破40℃的城市心态则比较复杂。经济的确一度发展了,但原来的山山水水、绿荫蔽日的好环境却"牺牲"了,有的地方已经严重到连水都已经不能放心喝,人口迁徙,出现"空城"。这些地方的环境再想回到过去,即便花费多几倍的力气与费用,也不见得能如愿,从这个角度来看,快却成了慢。

天然财富是最宝贵的财富,因为没法重新获取。因而在经济进入新常态的今天,注重环保、节约资源和能源,实现经济可持续发展已成为人所共知。而"避暑经济"的本质就是循环经济、生态经济。具有文化经济、气候经济、产业经济等多个细微特征,消费潜力巨大。据预估,未来避暑游消费规模,有望超过 3 000 亿元产值。但当前也存在旅游消费产品单一等问题,暂未适应中国旅游的大众化与家庭化、个性化与多样化、散客化与自助化、休闲化与体验化、品质化与中高端化等特征。地方旅游开发可以抓住线上旅游资本热的冲动,跟线上旅游机构合作,借助大数据手段,再造避暑游产品和服务体验。待模式成熟,开发非洲,与当地有识之士共建避暑胜地,助力非洲经济发展,并非异想天开。

2. 世界杯选择赞助商的"套路"

全世界人民关注的世界杯上，中国企业要靠什么才能与世界杯"扯"上关系？可能只有广告。

有企业家曾断言赞助世界杯才是做全球品牌的开始。遥想十二年前，还没有中国企业有实力或者有意识来跻身世界杯赞助商当中。到当今世界杯赛场四周广告板上尽是中文，的确是国家与企业实力提升再明显不过的表现。

在以世界杯为代表的体育营销上尝到甜头的国内企业大有人在，不过个中酸楚也是冷暖自知。在世界杯开始后，一旦明星球员出局，在明星球员身上押了重注的广告商会慌张失措；而押对了新星的广告商则大放异彩，押对了冠军球队的企业则更是喜形于色。但是结合历史经验来看，世界杯经常爆冷门，这种排他性的、"天生要强"地"孤注一掷"押注在某一球星或者某一国家队的做法，虽然成本较低，而且操作起来也相对简单，在传播方面也有优势，但是也相应地放大了风险，偶然性太强，一旦被爆冷，则不利于做基业长青的全球品牌的企业形象。

真心喜欢足球的人都有体会，无论你是否能亲临赛场，观看全世界最高水平的赛事本身就是一种享受，一盘小龙虾、一把花生米、一瓶深夜啤酒，从以往的黑白电视到现在的手机屏幕，都能带来快乐的体验。世界杯乐趣还不仅在于观看比赛，更在于讨论与比赛有关的话题，世界杯更像一个盛大的聚会，观众通过各种媒介置身其中，观点得以表达，情感得到释放。企业的世界杯营销要成功，需要调动亿万球迷的热情，让他们参与、体验，形成强烈的情感共鸣，自发地拥护企业与品牌。

世界杯在中国有着数量巨大的球迷，他们对世界杯的情感与精力投入不亚于任何一国的球迷群体。赛场的明星虽在舞台中央，但球迷才是真正的主角。倾听他们的诉求，感受他们的喜怒哀乐，研究他们的情感表达，从球迷思维去研究其消费习惯和情感偏好，可能是赞助商在押注球星或者球队的同时，更需要做的事情。

以世界杯为代表的体育营销正成为企业宣传品牌、展现实力、促销产品、打造商业航母的巨大舞台与商界新宠。市场预测，未来十年中国的体育产业将创造出上千亿的市场价值。而中国企业在进行世界杯等体育赛事的营销过程中，还存在着没有连续性、商业营销与企业文化结合不好、整体组织协调能力不强、无法准确预测投入与产出比等问题。如何借鉴国外优秀企业的经验，并结合企业实际，充分挖掘体育营销潜力，在整体整合、创意、执行力等要素上下功夫，是值得每一块赛场广告板背后与赛前赛后、半场休息期间出现在屏幕上的中国企业需要思考的问题。

3. 微商为什么总以字母 A 打头

日前，浙江台州警方通报了浙江史上最大一起有毒、有害"保健品"案的破获情况，涉案金额超 16 亿元，扣押相关产品 10 万余盒。更为要命的是，此前有超过 4 200 万盒"保健品"，已经通过微商个体售出。加上之前多种微商乱象，让微商的监管、维权问题又一次展现在人们面前。

经过五六层的逐级批发还能在价格上形成冲击力的产品，质量能有多低？微商可谓典型代表。不需要实体店、不需要频繁招商、不需要实体物料，甚至连个网店都不要，就可以通过朋友圈来极速营收，也就难怪为什么只有像面膜这种很难区分使用效果的产品才能在这个渠道大行其道。据了解，目前绝大部分进入微商渠道的品牌都采取五到六级的代理商体制。多层级代理制度的微商，一个品牌招募若干个总代理，总代理再去招募次一级代理商，以此类推。每一级代理商赚取一定的代理费用。在顶层代理"喜提"粉红超跑乃至玛莎拉蒂等真真假假的新闻的渲染下，无法不令人不自觉地将之与传销加以类比。

诚然早期微商抓住了微信崛起的黄金期，充分享受了平台渠道红利，但由于微商没有有力的监管措施和成熟渠道的准入门槛，微信圈里售卖的产品很多是假货横行，这些品牌仅靠"杀熟"，显然缺乏足够的价值基础去支撑消费信任。况且"杀"熟的成本也不低，上钩的有限，"杀"一次下次就没有机会再接着"杀"，只能靠一些高利润、凭嘴上功夫想象来随意定价的产品。此刻也就不难理解上述有毒保健品都有人卖，同时也就能理解那些在地铁上举着手中二维码一个个问过来，问十个没有一个人理，仍坚持添加好友的微商内心的"强大"，无非是朋友圈转化率太低，群发、刷屏或者出货那一刻基本也就是被拉黑的开始，故亟须时常拓展客源基数，将朋友圈打造成为提款机。因为内心可能也知道这样的模式注定走不远，所以急忙先在名字前加 A，以期出现在通信录最靠前的位置。

微商的本意是依托好的产品，借助优秀的口碑，向朋友进行推荐。不过纵观微商目前的走向，有责任感的品牌厂商只能说是避之不及，羞于为伍。产品即人品。这些微商遴选出来的客群，认知水平与消费习惯也是可想而知的。微商当前的局面也并不容易。

微信可以说是对广告最为克制、最为重视客户体验的互联网平台，但当前对于微店这样的入口运营并不算成功，以至于微信"附近的人"功能一栏都被抢滩，一打开一半是微商。微商若想真的成为商业分支，必须遵循营销规律，以品牌商作为龙头，为分销商提供良好的货源渠道、品质及售后保证。和淘宝、天猫相比，微信当前需要一个完善的交易体系。

4. 降维打击：健身房跑路乱象这样治

《上海市单用途预付消费卡管理实施办法》正式实施，为防发卡企业"跑路"，上海将启用银行专用存款账户。在这一背景下，"健身房倒闭潮"一度引发热议。据统计，上海早在 2017 年由预付卡引发的相关投诉多达 12 106 件，同比增加 25.9%；涉及经营者 3 887 家，其中关门跑路 1 864 家，占比 48%。2018 年一季度相关投诉累计 6417 件，同比增加 19.4%，关门跑路经营者数同比增加近 30%。众所周知，健身房一般是预付款消费，从几千元到上万元的年卡或私教卡，再普通不过。健身房倒闭后，这块就沦为纠纷和投诉的"重灾区"。

据业内人士介绍，传统健身房模式非常容易陷入"预售、圈钱和跑路"的恶性循环，一般都是采用预售年卡，先把大额资金收回来，然后再租场地、买设备、大量招销售和私教，把预售的资金投入到经营当中，再开下一个店。为了促成消费者买卡，健身房需要搭建庞大的销售队伍，加上庞大的私教、售后、前台服务等，导致人力成本极高。因此，传统健身房必须不断地发展新会员，一旦拓展新会员不利，就会走向倒闭的境地。

消费者在买卡之后，实际上有可能已丧失了根据经营者的履约情况进行救济的机会。同时因为预付式消费的继续性和长期性，消费者对于经营者未来是否会正确履行消费合同并不知情。从架不住销售或者教练的唠叨，掏钱买卡的那一刻开始，消费者实质上已经处于非常弱势的地位。信息不对称之下，卖方完全可以凭借自己的信息优势，隐瞒真实信息或者编造虚假信息为自己牟利，导致道德风险高企。

虽然从形式上来看，预付式消费是消费者与经营者双方真实意思表示的结果。但经营者可借此无偿吸收和占用一部分社会资金，从发行到资金清算，基本上都游离于金融监管体系之外，给消费者预付资金带来风险之外，亦有可能会扰乱金融秩序甚至造成金融风险。既然关系重大，而且事关金融安全，那么比照金融监管手段来对其中的违法乱象进行降维打击，很有必要。当前我们从公法领域对预付卡的发行、交易过程的规范，包括实体方面监管主体、监管职责和监管手段的规定，以及程序方面事先申报和审查、事中通知以及事后保障和救济的规定，均有大幅提升的空间。对不法跑路商家过于"仁慈"，同时是对普通消费者的"残忍"。

此外，近几年大热的共享经济也开始参与到这一乱象的修正当中来。智能健身房、共享健身房作为移动互联网时代的产物，正在逐渐兴起，并受到不少消费者的青睐。价格便宜（月卡只要百元不到）、智能化和 24 小时营业等优势，迅速在一些城市受到热捧。而这些智能健身房或共享健身房通过智能系统做到了无人化管理，通过互联网方式把教练、客户和场地做了连接，再无人在你健身时在耳边聒噪推销，也有望更接近锻炼者的本来需求。

问题一：去非洲避暑是在开玩笑吗？

不是。首先，七八月的东非大草原最高气温多在 25℃左右。其次，考虑到七八月份是草原动物大迁徙的最佳观赏时期，非常适合旅游观光。最后，七八月份在国内开始进入夏季，天气炎热。所以夏季带上家人去非洲转转，既长见识又能避暑。当然这得等疫情结束。

问题二：天气也是财富？

天然财富是最宝贵的财富，因为这是不可再生资源。在经济进入新常态的今天，注重环保、节约资源和能源，实现经济可持续发展已成为人们的共识。而"避暑经济"的本质就是循环经济、生态经济，具有文化经济、气候经济、产业经济等多个细微特征，消费潜力巨大。

问题三：企业应如何在以世界杯为代表的体育营销上尝到甜头？

企业的世界杯营销想要收获好的效果，需要调动亿万球迷的热情，让他们参与、体验，形成强烈的情感共鸣，才能让球迷们自发地拥护企业与品牌。在世界杯这样普及度高、规格高、吸引力强的体育赛事中，国内企业除了勇于展示，还要会展示自我，借鉴优秀经验，激发消费者情感依恋，利用好比赛的兴奋、动力，最终催生出消费者对品牌的认同。

问题四：微商的产品值得买吗？

不管兼职还是全职，从事微商的人大多知识层级不高，这些微商遴选出来的客群，认知水平与消费习惯也是可想而知。微商若想真的成为商业分支，必须遵循营销规律。微商将来的发展体系一定是以品牌商作为龙头，使其为分销商提供良好的货源渠道、品质及售后保证。

问题五：国家为什么要整治预付费卡这一现象？

预付费卡从发行到资金清算，基本上都游离于金融监管体系之外，给消费者预付资金带来风险。而且事关金融安全，国家必然要对这类违法乱象进行整治。

问题六：预付费卡治理的未来？

《上海市单用途预付消费卡管理实施办法》通过一般和特别两种风险警示等举措，进一步对企业收取的预付卡资金进行约束。企业也可以采取履约保证、保险方式，从而从源头上降低持卡消费者的风险系数。此外，依赖大数据，蚂蚁信用等社会征信平台，预付费的预付终将可以改为用完自动扣款。现在不少宾馆快速办理入住，退房自行结算便是实例。而智能健身房、共享健身房等作为移动互联网时代的产物的兴起，也代表了未来的发展方向。

跋

世事维艰，如同这牛短熊长的资本市场，幸福往往突然且短暂。愚钝如我，本无慧根，勤奋又常常不够世俗的定义，没有挣到足够的钱最为关键。认对或者认错了几个人，看清或者想开了若干事，宽慰着自己也是一年。若有机会寻一些别的成果，著书立说，简直就是前世修来的缘分。

要感谢本书的责任编辑，中国铁道出版社有限公司的吕芝老师，正是她立于非金融领域读者的"纯洁"视角，细致枚举读者阅读时可能会遇到的障碍，可能会提出的问题，乃至不厌其烦地包括标题在内的多次斧正与样稿沟通。迫于其"压力"和自身承诺的信守，我竟然坚持完成了其交办的，给每篇文章后面加上若干知识性问答这一"艰巨"任务。个中艰辛，可以说直超文章写作本身。毕竟，文章大多是一气呵成的。现在再完全立于其他"小白"读者的视角，自问自答多有不易。但是，完稿后看来，这些篇末"累赘"竟有可能是本书精华之所在。

要感谢《证券时报》孙勇、黄小鹏，《上海证券报》沈飞昊，《新京报》王宇、陈莉，《南方都市报》何小手，《中国城乡金融报》沈露露、白鹏，腾讯证券研究院肖丹，澎湃新闻沈彬等多位老师的错爱，这些良师益友无论是对于国家与社会的热爱与见识，还是其自身的学术素养，又或是对于纸媒的坚守或，皆令我叹服。更为关键的是，这些人不仅自己勤奋，还间接鞭策我坚持写作，不时约稿。太多的人往往写得不差，见识也不缺，可惜无人督促，从而难以坚持下来。

要感谢写作时那些被我听过的歌曲，网易云音乐自选歌单数百首，经常不担心写不出东西，只担心没有好听的音乐相伴左右。思绪、文字一同随乐声激荡，戴上耳机恍惚看到理想，摘下耳机冷眼面对现实。

以梦饲马，自顾不暇。又多亏家人淳朴，甘于认真生活，让我专心本职工作与业余写作。尤喜小女尚算乖巧，我只需每晚哄其入睡之后，便有充裕的时间得以展笔。自咿呀学语起，她便于周末常陪我去图书馆，只需多带几样零食便可以与我一起打发时光。

感谢生活，感谢生活里出现的每一个人，包括当下翻阅本书至此的你。

是为跋。

蒋光祥